中国近海海洋生态系统压力影响分析与评价

ZHONGGUO JINHAI HAIYANG SHENGTAI XITONG YALI YINGXIANG FENXI YU PINGJIA

刘 超 薛雄志 刘大海 著

海洋出版社

2024年·北京

图书在版编目（CIP）数据

中国近海海洋生态系统压力影响分析与评价 / 刘超，薛雄志，刘大海著. — 北京：海洋出版社，2022.12

ISBN 978-7-5210-1058-9

Ⅰ. ①中… Ⅱ. ①刘… ②薛… ③刘… Ⅲ. ①近海－海洋生态学－研究－中国 Ⅳ. ①Q178.53

中国国家版本馆CIP数据核字(2023)第012899号

审图号：GS京（2024）0936号

责任编辑：项　翔　孙　巍
责任印制：安　淼

海洋出版社 出版发行
http://www.oceanpress.com.cn
北京市海淀区大慧寺路 8 号　　邮编：100081
涿州市般润文化传播有限公司印刷　　新华书店经销
2024年1月第1版　　2024年1月第1次印刷
开本：787mm × 1092mm　　1 / 16　　印张：11
字数：176千字　　定价：169.00元

发行部：010-62100090　　总编室：010-62100034
海洋版图书印、装错误可随时退换

前言

海洋生态系统有着丰富且强大的服务功能，对人类福祉的贡献巨大，其中包括粮食及渔业生产、气候调节、改善水质、废弃物处理、生物多样性维持以及为关键物种提供栖息地等多种服务。然而，近年来，随着工业化和城镇化的快速推进，人类大规模围填海、近岸植被砍伐、污染物排海和过度渔业捕捞等活动的不断加剧，以及全球气候变暖，海表温度升高、海平面上升、缺氧和海洋酸化等海洋气候变化致灾因子的危险（害）性不断加剧，全球海洋生态系统正面临全球气候变化和区域人为活动所带来的前所未有的压力，正在发生快速且大幅变化，如生物栖息地持续萎缩、海洋生物多样性的减少、物种地理分布的变迁以及海洋初级生产力的下降等。然而，由于缺乏大范围和长期连续的近海海洋生态观测以及充分的人类活动对近海海洋生态系统的影响研究与评估，迄今为止人们还难以充分认识人类活动的影响和风险，无法为海洋生态系统综合风险管理及海岸带生态保护和修复提供充分的科学支撑。因此，在人类世背景下，科学量化人类活动对近海海洋生态系统的压力影响，寻求有效削弱多重压力源的驱动因素的方案，显得尤为关键和迫切。

本书以地球系统科学、环境与可持续发展理论、海岸生态学等交叉学科的理论为指导，以中国近海海域为研究范围，从陆源污染、海洋活动和气候变化 3 个方面共选取 14 个人类活动压力因子，基于多源高分辨率时空数据集成，运用分区密度制图技术、最小成本路径羽流扩散模型、修正的通用土壤流失方程、空间分析法、累积压力影响空间量化模型等模型方法，针对中国近海全海域范围内的 9 种海洋生态系统类型，在结合生态系统脆弱性权重矩阵基础上，对 2006—2010 年、2011—2015 年和 2016—2020 年 3 个评价窗口期的人类活动对中国近海

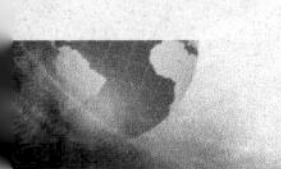

海洋生态系统的压力状况进行时空动态评价分析。系统回答了“中国近海海洋生态系统暴露于人类活动压力源的程度”“中国近海海洋生态系统压力热点区的历史演变、现代状态和未来趋势”“各类海洋生态系统内部的人类活动压力因子的构成和关键压力源”和“我们应该选择或采取何种措施和方案，才能有效削弱多重海洋压力源的驱动因素及其影响”4个现实问题。研究结论不仅可为近岸海域及海岸带整治修复和保护关键区域识别提供经验借鉴，为陆海统筹视角下的海岸带国土空间规划与管理提供新的借鉴思路和解决方案。而且对推动实现联合国“海洋可持续发展目标14（SDG 14）”、联合国“海洋科学促进可持续发展十年（2021—2030年）”计划和提高人类福祉与生物多样性方面具有重要意义。

本书共8章，从陆源污染、海上活动和气候变化3个方面，对中国近海海洋生态系统的压力影响展开评价与分析。本书是在充分挖掘和借鉴国内外众多最新研究成果的基础上完成的，对此要特别感谢本书中所引用文献的作者们，正是他们的丰富成果才让我们得以站在前人的肩膀上继续向科学的顶峰攀登。最后，要感谢自然资源部第一海洋研究所正高级工程师张志卫对本书出版给予的大力支持！

由于作者水平与资料有限，书中错误和不妥之处在所难免，恳请各位专家和读者批评指正！

作　者

2023年9月15日

目 录

第1章 绪论

1

1.1 研究背景与意义

海洋生态系统的健康和安全，直接关系到全人类的健康和福祉。作为地球上重要的生命支持系统，海洋生态系统有着丰富且强大的服务功能，其中包括粮食及渔业生产、气候调节、改善水质、废弃物处理、生物多样性维持和为关键物种提供栖息地等多种服务，为全球经济和人类福祉提供重要支撑（陈尚等，2006；石洪华等，2008）。在食品供给方面，全球大约有 30 亿人依赖海产品作为蛋白质的主要来源（FAO，2021），多样性的海洋生态系统为人类提供了丰富的食品资源。在生物多样性维护方面，滨海湿地是陆地交接、相互作用的关键地带，它还能够为众多海洋生物提供索饵场、繁育场、越冬场和洄游通道，被认为是地球上生物多样性最高的沿岸生态系统（洪华生等，2003；骆永明，2016）。在环境净化方面，全球尺度上的盐沼湿地和红树林的总碳埋藏速率约达 53.65 Tg $C\cdot a^{-1}$，它相当于可以抵消人类活动每年碳排放的 0.5% ~ 1%（Wang et al., 2021a）。相较于陆地生态系统和海洋生态系统的单位面积碳埋藏速率，滨海湿地分别是它们的 15 倍和 50 倍，远高于其他生态系统的固碳能力和潜力（Wang et al., 2021a）。在全球范围内，每年红树林、海草和盐沼三种海岸带生态系统对“蓝碳”的平均贡献值可达 1 906.7 亿 ± 300 亿美元（Bertram et al., 2021）。此外，滨海湿地在拦截陆源污染及抑制赤潮、褐潮和绿潮等有害藻华现象等方面具有重要作用（周云轩等，2016）。在抵御灾害方面，100 m 和 500 m 宽的红树林带可分别消减波高 13% ~ 66% 和 50% ~ 99%（Mcivor et al., 2012）。在风暴潮来临时，每千米宽的

红树林带能够将最高水位消减 4 ～ 48 cm（Krauss et al., 2009）。面对弱风（<5 m/s）和强风（>15 m/s），红树林可对其分别降低风速 85% 和 50% 以上（陈玉军等，2012）。此外，造礁珊瑚可以通过物理作用的阻挡使海浪破碎，起到与低矮防波堤类似的岸线防护功能，甚至在台风、飓风等热带气旋通过时能够发挥关键的防护作用（World Bank，2016）。相关研究表明，79% 的波浪能可被珊瑚礁消减（Ferrario et al., 2014）。盐沼对波高的消退率最高能够达到 72%，海草床为 36%（Narayan et al., 2016）。

中国沿海地区拥有重要的生态系统和自然资源，包括大约 1.8×10^4 km 的大陆海岸线和 1.4×10^4 km 的海岛海岸线，大小不同的河口、湾区数量分别有 1 500 多个和 200 多个，滨海湿地面积约有 580×10^4 hm^2（自然资源部，2021）。海岸带区域拥有河口、海湾、盐沼、滩涂、红树林、珊瑚礁、海草床、海藻场、海岛和上升流等十几类典型海洋生态系统。中国近海海洋物种种类和生物多样性丰富，共记载的海洋生物数目约为 2.8 万种，约占全球海洋物种总数的 13%（自然资源部，2021）。中国每年从海洋中捕获的水产品达 $1\,300 \times 10^4$ t，占全国总水产品产量的 20%，产值约 2 000 亿元；另外，许多海洋生物还是医药行业重要的药物来源，已知具有药用价值的海洋生物约 1 000 种，其中含有抗癌物质的生物约占 250 种。在世界各国中，同时拥有海草床、红树林和盐沼这三大“蓝碳”生态系统的国家为数不多，中国就是其中之一。相关研究结果显示，中国滨海地区的三大“蓝碳”生态系统的有机碳埋藏通量可达 0.36 Tg $C \cdot a^{-1}$，其中红树林、盐沼和海草床的碳埋藏通量分别为 0.09 Tg $C \cdot a^{-1}$、0.26 Tg $C \cdot a^{-1}$、0.01 Tg $C \cdot a^{-1}$（焦念志等，2018）。

综上可见，海洋生态系统的重要性与价值不言而喻，尤其是在缓解全球气候变化方面发挥着十分重要的作用。然而，随着工业化和城镇化的快速推进，人类大规模围填海、海岸带植被破坏、污染物排海和过度渔业捕捞等活动不断加剧；加之，全球气候变暖，海表温度升高、海平面上升、海洋酸化及极端海洋气候事件频发，全球海洋生态系统正面临气候变化和人类活动所带来的前所未有的压力，并正在发生快速且大幅变化。据联合国发布的第二次全球海洋综合评估报告（World Ocean Assessment, WOA II）显示，在过去的 50 年里，全球处于低氧状

态海域的面积增加了 2 倍。全球有约 90% 的红树林、海草床和水生植物以及超过 30% 的海鸟面临灭绝的危险，海洋对全球气候的调节作用也被明显削弱。此外，在 2008—2019 年，全球海洋中“死水区”（含氧量极低）的数量增加了约 300 个。全球约有 1/3 的鱼类种群资源正在遭遇过度捕捞，而其他的鱼类资源也已达到或逼近渔业可持续发展的临界值（FAO，2020）。据估计，如果人类不积极采取更多的措施来保护和修复这些重要的海洋生态系统，全球大多数的生态系统很有可能在 20 年内消失（林伯强，2021）。近海栖息地的大面积消失退化，生态连通性的显著下降，会导致濒危物种数量逐年上升，海洋生物多样性严重衰退，人类福祉水平将受到严重威胁。

2021 年 4 月 21 日，联合国秘书长安东尼奥 · 古特雷斯在 WOA II 发布会上呼吁世界各国及地区（包括所有利益相关者在内）要高度重视当今全球海洋生态系统退化的危机。近年来，中国政府也逐渐意识到海洋生态系统在应对气候变化和维持生物多样性方面的重要作用，并从中央资金支持、管理办法、实施方案、行动计划和技术标准等方面先后制定并出台了海洋生态修复政策和制度文件。其中，2015 年印发的《中共中央 国务院关于加快推进生态文明建设的意见》提出要“加强海洋环境治理、海域海岛综合整治、生态保护修复，有效保护重要、敏感和脆弱的海洋生态系统。”在 2019 年印发的《国家生态文明试验区（海南）实施方案》提出“调查研究海南省蓝碳生态系统的分布状况以及增汇的路径和潜力，在部分区域开展不同类型的碳汇试点，保护修复现有的‘蓝碳’生态系统。”2020 年印发的《红树林保护修复专项行动计划（2020—2025 年）》提出要科学营造和修复红树林，在自然保护地内养殖塘清退的基础上，优先实施红树林生态修复。从上述发布的文件可以看出，中国各级政府部门高度重视对海洋生态环境以及“蓝碳”生态系统的保护和修复，并已经采取了众多关于海洋生态环境保护与生态系统修复等方面的积极措施，且这些政策措施均取得了较好的海洋生态环境治理成效。但据《中国海洋生态环境状况公报（2020）》公布结果显示，在所监测的近岸河口和海湾区域中，多数生态系统仍处于亚健康状态。此外，根据《全国重要生态系统保护和修复重大工程总体规划（2021—2035 年）》公布的数据显示，与 20 世纪 50 年代相比，中国红树林的总面积缩减 40%，珊瑚礁覆盖率和海草床盖

度下降等问题比较突出，自然岸线缩减的现象仍然很普遍，滨海湿地防灾减灾功能退化，近岸海域生态系统整体形势不容乐观。在当前沿海地区人类活动不断加剧和全球气候变暖的双重胁迫背景下，中国仍然处于近岸污染排放和环境风险的高峰期、海洋生态退化和海洋自然灾害事件频发的叠加期，局部地区海洋生态系统面临的压力影响依然巨大。

基于上述背景，本书提出 4 个亟须解决的现实问题："中国近海海洋生态系统暴露于人类活动压力源的程度""中国近海海洋生态系统压力热点区的历史演变、现代状态和未来趋势""各类海洋生态系统内部的人类活动压力因子的构成和关键压力源"以及"我们应该选择或采取何种措施和方案，才能有效削弱多重海洋压力源的驱动因素及其影响"。本书基于多源高分辨率时空数据，运用 GIS 技术空间量化与分析 2006—2020 年人类活动对中国近海海洋生态系统的压力影响。其主要研究目的在于揭示人类活动对中国近海海洋生态系统的胁迫程度，探究中国近海海洋生态系统内部人类活动压力因子的构成。本书中，中国近海范围主要包括渤海、黄海、东海和南海沿岸及外部邻近国家近岸海域。考虑空间数据及统计数据的可获取性，关于台湾省的陆源污染压力源未纳入本研究范畴。由于台湾省陆源污染量相对于中国大陆整体而言所占比例较小，所以台湾省数据的缺失并不对整体评价结果造成影响。本研究主要有以下 3 个方面的研究意义。

（1）基于人类活动对近海海洋生态系统的压力影响研究在一定程度上丰富了陆海统筹的内涵、海洋生态系统修复关键区域识别和修复策略制定、国土空间规划体系的海洋管理及规划发展等重要问题的研究思路和研究方法，探究海岸带社会经济与生态系统的互馈过程与机理，为完善基于生态系统的海洋空间规划技术理论体系、探索海洋生态系统的修复研究框架提供借鉴。另外，本研究结合地理学、生态学、海洋科学、环境科学等多学科的理论对人类活动影响下的中国近海海洋生态系统的压力影响进行研究和评估，丰富海洋生态系统健康和承载力评价的理论体系。此外，对建立中国近海海洋地区该类研究的大尺度经验模型具有重要的理论借鉴意义。

（2）海洋环境容量和海洋自净能力同时受累积性的陆源入海排污和海源排污的影响。因此，有必要对陆源污染和海洋活动造成的生态影响，并考虑其在气

候变化下的累积压力影响进行评估。从满足对全海域、近海海洋生态系统全类型、全过程监管的实际需求出发，基于多变量、长时序的中国近海海洋生态系统累积压力影响研究，能够通过简单直观的评价技术和手段，快速有效地识别中国近海海洋生态系统的压力热点区、时空变化及其主要驱动因子；清楚地了解用海情况和人－海矛盾现状；增加关于人类活动压力源对近海海洋生态系统产生综合影响的科学认知，以及暴露于这些压力源的程度；同时为近岸海域及海岸带整治修复和保护关键区域识别提供经验借鉴，为陆海统筹视角下的海岸带国土空间规划提供新的借鉴思路和解决方案。对推动实现联合国“海洋可持续发展目标 14（SDG 14）”、联合国“海洋科学促进可持续发展十年（2021—2030 年）”计划和提高人类福祉与生物多样性方面具有重要的实际意义。

（3）本研究选取 2006—2020 年的数据进行分析，充分考虑了人类活动对近海海洋生态系统的压力影响度在时间上尺度上的异质性。设置 2006—2010 年、2011—2015 年和 2016—2020 年为 3 个重要评价窗口期，分别与国家“十一五”规划、“十二五”规划和“十三五”规划期互相对应，其主要目的在于能够比较清楚地对比中国在不同规划期间实施生态文明建设在海洋生态环境保护方面所取得的成绩，了解中国在实现联合国“海洋可持续发展目标 14”的进程状况。因此，本研究获得的评价结果具有较强的现实性，能够比较真实地反映中国近海海洋生态系统暴露于人类活动压力源的程度，具有现实意义。

1.2　理论基础与文献综述

1.2.1　理论基础

1.2.1.1　干扰理论

干扰理论指处于一定状态下的生态系统，在外在干扰的作用下，其连续性的动态平衡状态将会被阻断，在一定条件下，实现从一种状态到另一种状态的转变，即生态演替（李博等，2005）。生态学中的干扰，一般是指在外界因子的突然作用或超常波动的影响下，种群、生物群落、生态系统和生物圈的结构、组分和功

能等发生全部或局部性的改变（张海珍等，2020）。干扰是自然界中无时无处不存在的一种现象，它对生态系统的干扰作用既可以是积极的，也可以是消极的。在积极干扰的作用下，有助于促进生态系统的平衡稳定，甚至可以促使被干扰对象朝着正向演替。而消极的干扰，在外力破坏作用下，能够使被干扰对象发生受损与退化，从而形成逆向演替（汤学虎，2008）。

干扰的类型一般有以下几种划分（赵晓英等，2001）。①根据来源可以将干扰类型分为自然干扰和人为干扰。自然干扰是指一些偶发性的破坏和环境波动事件，如泥石流、台风、风暴潮、洪涝灾害和绿潮的大规模大爆发等。人为干扰主要是指人类在从事社会经济生产活动及开发、利用和改造资源过程中对生态系统所造成的影响。如围填海、海水养殖、渔业捕捞和三角洲区域的水田脱盐措施等。②依据功能可以分为内部干扰和外部干扰。其中，内部干扰是指发生在较长时间段内规模较小的干扰事件，如近岸渔民从事手工捕捞活动等。而外部干扰主要是指发生在短时间内规模较大的干扰事件，如台风、风暴潮、海洋高温热浪和森林砍伐等。通常情况下，外部干扰对生态系统或群落的演替过程会起到较大的抑制性作用，甚至会使生态系统或群落由高级向较低级方向演替。③按照影响机制可以分为物理干扰和化学干扰。在物理干扰方面，如围填海工程引起的水动力环境改变，造成纳潮量减小，近岸海域物理自净能力降低；海岸带植被的破坏所引起的岸线侵蚀，导致海岸带沙漠化现象的发生等。在化学干扰方面，以海洋陆源污染为例，包括陆源污染产生的工业废水、城镇生活污水、农药和化肥等，经河流汇入近岸海洋的化学需氧量、酚、石油类、氨氮和磷酸盐等污染物增大，导致近岸海域出现富营养化现象，海洋生物生存环境遭受严重破坏。④根据干扰所造成的后果可以将其划分为积极干扰和消极干扰。积极的干扰作用有利于促进生物组成成分或生态系统的平衡稳定，而消极的干扰则会使生态系统发生受损与退化。

本研究将结合干扰理论，对近海海洋生态系统的消极干扰因素进行评估，并试图探究消除干扰因素，引进积极干扰措施，提高近海海洋生态系统恢复力和适应性能力。近海海洋生态系统的消极干扰因素评估包括干扰分布、干扰频次、生态系统恢复周期、干扰范围以及干扰强度等。定性方面的评估包括干扰的严重程度和系统效应，即人类活动对近海海洋生态系统的压力影响评估。评价研究应能

够诊断影响近海海洋生态系统主导性的干扰因素是人类活动（如水产养殖、围填海活动、渔业捕捞等）还是气候变化（如海表温度升高、海平面高度异常、海洋酸化等），或者是两个任意因子之间的交互作用，为缓解和消除干扰因素采取精细化的应对措施和方案。通过建立一套综合的评价体系来衡量人类活动近海海洋生态系统的干扰程度，将其分为强烈干扰、一般干扰、微弱干扰等几个级别，并依照不同程度的干扰区域制定相应的措施，做到精细化管理。近海海洋生态系统恢复力（弹性）是当外界干扰因素的强度超过阈值时，通过近海海洋生态系统的自我调节和外部能量输入，维持近海海洋生态系统自身的结构、功能、特性并使其恢复到稳定状态的能力。近海海洋生态系统恢复力是由生态系统自身结构和区域社会经济条件所决定，而干扰的大小、强度和频率决定了近海海洋生态系统恢复后的发展速度。矛盾冲突或人类活动干扰及持续的气候变化所带来的多重压力，将影响近海海洋生态系统，其最终造成的后果也将会影响或改变近海海洋生态系统的恢复力（弹性）。此外，近海海洋生态系统恢复力（弹性）具有不可逆性，即近海海洋生态系统在受到外界干扰后，生态系统结构的和弹性会发生改变，很难完全恢复到干扰前的状态。因此，对于近海海洋生态系统而言，减缓产生来自入海河流上游或近海海洋生态系统的外部胁迫干扰在海洋生态系统内部的传播影响非常重要。

1.2.1.2 系统论理论

“系统”来自拉丁语（systema），意思是部分组成的整体。系统论原理是由美籍奥地利人、理论生物学家贝塔朗菲（L. Von. Bertalanffy）于1937年被首次提出。系统论理论从系统的角度去揭示客观事物和现象之间的相互联系，相互作用的共同本质和内在规律性（高继华等，2018）。系统是由若干个要素组成的具有某种功能的有机整体，其中包含了系统、要素、结构和功能。其中系统基本的组成部分是要素，系统的支架和功能的基础是结构，而功能是结构的外在表现形式（谭跃进，2010）。系统论认为，“整体大于部分之和”。因此，只有从研究对象的整体性出发去考虑问题才能反映系统的根本性质。海洋系统内部与外部环境之间关系比较复杂，当外部环境发生细微改变时，伴随着整个海洋生态系统的内部环境都会做出相应的反应和改变。以围填海工程为例，围填海活动会引发水文动力

条件和潮流流态的变化，导致纳潮量减少，引起航道泥沙淤积，近岸海域的海洋物理净化能力明显下降，最终珊瑚礁、海草床、红树林及近海海洋生物等生存环境遭到恶化，进而可能会影响整个生态系统的平衡。因此，不科学的用海和海岸带开发利用方式可能会对整个海洋生态系统造成多重负面影响。

人、海洋和陆地这 3 个要素共同组成了人 – 海关系地域系统，其基本特征是多尺度性、开放性、动态性和地域性等（韩增林，2011; 刘天宝等，2017）。在人 – 海关系地域系统中，系统的发展和演替受人类活动的影响和主导。在空间层面，人 – 海关系地域研究将人 – 海关系的研究定义在地域尺度范围内，因为只有在特定区域范围内探索人类活动与海洋生态之间的关系才具有现实和实践意义。地域系统是对全球系统的划分，地域人类活动的行为才是人 – 海矛盾需要解决的关键。因此只有先从局部地区入手解决所面对的矛盾与问题，全球性的问题才能够迎刃而解，如，全球性的气候变化问题。基于系统论理念，研究陆海空间关系需要从以下 4 个方面进行考虑（李彦平等，2021）：一是需要考虑陆 / 海生态子系统的完整性关系，两个系统之间相互依存、缺一不可，如滨海湿地同时兼顾陆、海子系统的双重属性；二是需要考虑陆域环境子系统对海洋环境子系统发展具有单向抑制性作用。即人类在陆地上从事的开发活动在导致陆地环境生态受到损害的同时，在自然过程变化作用下，近岸海域的生态环境也会遭受损害，而这种影响只限于单向作用；三是需要考虑陆 / 海资源子系统之间的互补性，具体体现为人类对海洋资源的开发利用，缓解了陆域资源的紧张，如对海洋空间资源的开发和利用等；四是需要考虑陆海界面生态系统与海洋自然灾害的关系，既包括海洋自然灾害对陆海界面复合系统发展的威胁，也包括陆海界面生态系统应对和抵御气候变化和海洋自然灾害的适应性能力和韧性。

1.2.1.3　可持续发展理论

《我们共同的未来》报告由联合国世界环境与发展委员会（WCED）在 1987 年发布，该报告中首次对“可持续发展”的概念作了界定：可持续发展是既满足当代人的需求，又不对后代人满足其需求的能力构成危害的发展。“可持续性”（Sustainability）的概念最早由生态学家提出。1991 年，在世界自然保护联盟（IUCN）、联合国环境规划署（UNEP）和世界野生生物基金会（WWF，现更

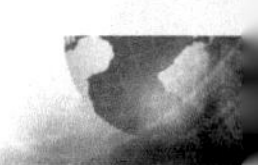

名为“世界自然基金会”）发布的《关心世界：持续性战略》报告中，对“可持续性”的概念作了明确界定：持续性系指一种可以长久维持的过程或状态。1992 年，随着环境与发展大会的召开，多国首脑共同签署《里约宣言》和《21 世纪议程》，各个国家首脑均表示愿意接受可持续发展理念，并为此能够积极采取行动响应。各个国家的积极态度意味着可持续发展理念已在全人类范围内达成共识。之后，随着“千年发展目标（MDGs）”与“可持续发展目标（SDGs）”在 2015 年后议程中的并轨实施，可持续发展理念在人类世的背景下可谓是上升到了一个全新的高度。《变革我们的世界：2030 年可持续发展议程》于 2015 年 9 月 25 日在联合国大会正式通过。该议程通过 17 项联合国可持续发展目标和 169 个具体目标。议程内容同时兼顾了可持续发展的三大支柱，即社会、经济和环境，三者相互依存且不可分割。

可持续发展是社会经济发展与环境生态保护之间保持平衡协调的一种思维模式。海洋生态环境系统的可持续发展主要包含几方面的内涵：①持续性。具体包含可持续的海洋生态过程和海洋资源。可持续的海洋生态过程是以海洋生态系统的完整性为基础的。海洋生态系统的正常运转及海洋生态系统的动态平衡建立在生态系统结构的完整性得到充分保障的基础上。另外，当海洋生态过程达到可持续发展状态时，才能为海洋资源的可持续利用提供充分的保障。海洋资源的可持续性是由人类社会发展所需过量的海洋资源与有限的海洋资源供给之间的矛盾、不同企业或部门之间因海洋资源多用途产生的竞争以及人类开发利用海洋资源的方式所决定的。在这种情况下，要求人类既要解决好海洋资源存量与质量及其与资源利用潜在影响之间的关系，又要在开发利用海洋资源的同时注重对生物多样性的维护，并能够在保证海洋生态系统结构完整性的基础上，优化资源利用方式，提高海洋资源的开发利用效率。②协调性。人类在海洋资源开发利用的同时还要关注海洋生态系统的健康和承载力，确保人类社会经济发展水平的提升与海洋生态系统可持续发展之间的协调性，具体表现为陆域经济发展与近岸海洋环境保护的直接协调以及陆域系统与海洋系统各种利益之间的协调。③公平性。世代人之间与当代人之间对海洋环境资源选择机会的公平性。前者表示当代人对海洋资源的开发利用过程不能以牺牲后代人的发展为代价，杜绝“吃祖宗饭，断子孙路”

现象的发生；后者是指当代人之间对海洋资源开发利用有同等的分享权利。也就是说，在空间上，一个区域中海洋资源的生产、消费与流通不应对其他区域利益造成损害，区域之间在海洋资源开发利用方面有公平发展的机会；在时间上，当代人和后代人有公平的发展机会。但同后代人相比，当代人在海洋资源开发利用方面处于主导地位。

1.2.2 文献综述

1.2.2.1 陆源污染对海洋生态系统的影响问题研究综述

为了更深刻地理解陆源污染对海洋生态系统的影响问题研究，对该领域文献的主流研究方向、现状、前沿热点和演化趋势进行系统的脉络梳理显得十分必要。Bibliometrix 是一款由意大利那不勒斯费德里克二世大学 Massimo Aria 等开发的基于 R 语言的科学文献计量工具，可以对 Scopus 和 Web of Science 数据库中导出的相关文献进行全面、系统地计量和可视化分析，内容包含了描述性统计分析，如文献总数信息、作者频次分布、作者机构信息以及论文的 H 指数计算等，构建文献题录数据矩阵，开展文献共被引网络、耦合网络、国家合作网络分析和共词网络等（李昊等，2018）。与其他常用的一些基于图形用户界面操作的文献计量软件相比，Bibliometrix 工具的主要优势在于，适合处理大批量、重复性高和操作步骤多的文献计量任务，避免了用户在软件操作界面上进行大量复杂的操作流程，极大提高了文献阅读和理解的效率，减小操作过程中的出错概率。本小节利用 Bibliometrix 工具对 1980—2021 年国际上关于陆源污染对海洋生态系统的影响研究文献进行了数据统计和挖掘，借助文献计量和可视化技术，揭示陆源污染对海洋生态系统的影响问题研究的热点及演变趋势，以至于能够更好地掌握该研究领域的动态变化及演变方向，并在此基础上对现有研究的局限及可能的改进路径进行了总结和反思，从而明确本研究的切入点和创新方向。

在数据来源方面，选择 Web of Science 核心合集数据库中的英文文献进行检索，文献检索时间跨度为 1980 年 1 月 1 日至 2021 年 12 月 31 日。设定 WOS 数据库的检索式主题词 =（“Land-based pollution” OR “Land-sourced pollution”

OR “Land-based activities” AND “Marine ecosystems” OR “Coastal wetlands”），文献来源为 Science Citation Index Expanded (SCI-Expanded), Social Sciences Citation Index (SSCI), Conference Proceedings Citation Index-Science (CPCI-S), Conference Proceedings Citation Index-Social Sciences & Humanities (CPCI-SSH)，文献类型限定为 Articles, Proceedings Papers, Review Articles，语种设置选择为英语，数据下载方式选择为“全记录包含所引用的参考文献以及摘要”。在此筛选基础上，经逐篇浏览论文的题目、摘要、关键词等方式对初始文献样本数据进行人工目视筛查与清洗，手动删除一些重复、无效、明显不相关的样本文献数据，最终共确定 908 篇英文文献进行相关文献分析。

图 1–1 为陆源污染对海洋生态系统的影响问题研究的年发文量变化趋势图。由图 1–1 可以看出，1980—2021 年间，随着各国对陆源污染对海洋生态系统的影响问题的逐渐关注，国际上在该领域的论文发表数量大体上呈现波动上升的态势，并在 2021 年达到发表峰值（95 篇）。其中，2014—2021 年期间，国际上的相关研究成果呈现爆发式的增长态势，且增长幅度远大于往年增长量。这个现象表明，2014 年后国外学者关于陆源污染对海洋生态系统的影响问题的关注度和研究显著增强，在一定程度上可以反映出该问题是未来研究前沿的热点。

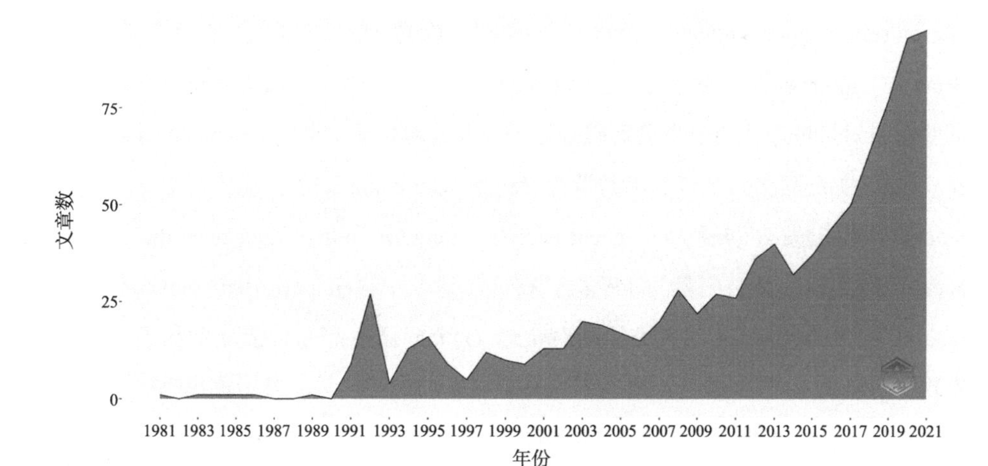

图 1–1　1980—2021 年发文量变化趋势

图 1-2 表示 Top20 位作者的文章产量和总被引情况。

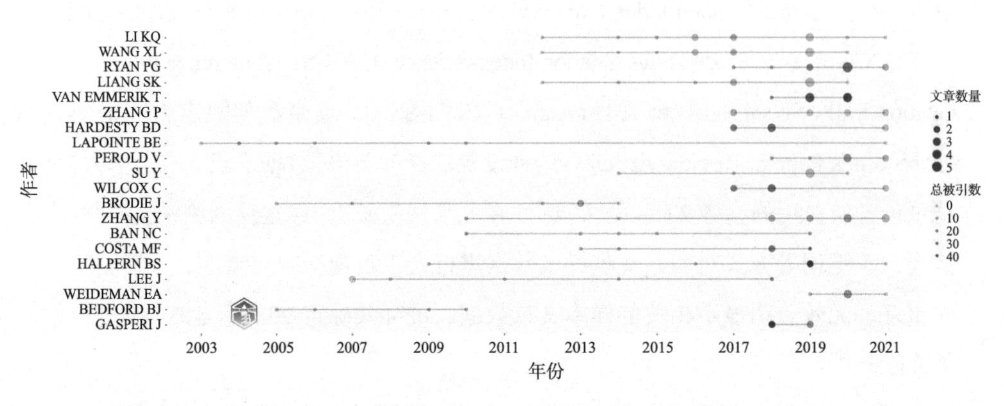

图 1-2　Top20 位作者文章产量和总被引情况

由图 1-2 可以看出，该领域中发文量最多的前 5 位作者分别是中国学者 Li Keqiang（12 篇），Wang Xiuling（12 篇），南非学者 Ryan Peter G（11 篇），中国学者 Liang shengkang（10 篇）和荷兰学者 van Emmerik Tim（9 篇）。该领域总被引频次最高的文献是来自美国学者 Brian E. Lapointe 等于 2004 年在 *Journal of Experimental Marine Biology and Ecology* 刊物上发表的题为“Anthropogenic nutrient enrichment of seagrass and coral reef communities in the Lower Florida Keys: discrimination of local versus regional nitrogen sources”的文章，总被引量为 202 次。在这项研究中，Brian E. Lapointe 等（2004）评估了物理驱动因素下（降雨、风力和潮汐）陆源营养物污染对佛罗里达湾近岸珊瑚礁的影响以及营养物质的时空分布状况（Lapointe et al., 2004）。其次是来自美国的学者 Halpern Benjamin S 等于 2019 年在 *Scientific reports* 刊物上发表的题为“Recent pace of change in human impact on the world's ocean”的文章，总被引量为 159 次。在这项研究中，Halpern Benjamin S 等评估了 2003—2013 年来 14 项人类活动对全球 21 个海洋生态系统造成的压力。研究发现，全球约有 59% 的海洋出现累积影响显著增加的趋势，其中珊瑚礁、海草和红树林面临来自陆源污染和气候变化的风险和威胁最大（Halpern et al., 2019）。该领域中总被引频次第 3 高的是来自美国的学者 Ban Natalie C 等于 2010 年在 *Marine Policy* 期刊上发表的题为“Cumulative impact mapping: Advances, relevance

and limitations to marine management and conservation, using Canada's Pacific waters as a case study”的文章，总被引量为 152 次。在这项研究中，Ban Natalie C 等以加拿大海域为案例，运用累积压力影响评价模型对海洋生态系统的压力空间分布状况进行模拟。结果显示，对于加拿大海洋生态系统而言，陆源污染压力在所有人类活动压力中贡献比例最高，达 19.1%（Ban et al., 2010）。从该研究领域最高发文量和总被引量可以看出，尽管中国作者在陆源污染对海洋生态系统的影响问题研究方面发文量较多，且随时间变化发文量大体呈增加趋势，但就文章的影响力而言却远不及国外学者。从整体来看，总被引量较高的文章多来源于国外学者。

图 1-3 表示 Top20 篇高被引文献。高被引 Top1 的是来自德国的学者 Schmidt Christian 等 2017 年发表在 *Environmental Science & Technology* 期刊上题为“Export of Plastic Debris by Rivers into the Sea”的文章。该研究主要围绕海洋陆源污染物中的塑料体，分析了全球范围内不同大小河流中的塑料碎片数据，发现微型塑料（颗粒小于 5 mm）和巨型塑料（颗粒大于 5 mm）均与流域塑料垃圾管理不当呈正相关。河流中的塑料荷载和浓度取决于流域的特性，流域中人口密度与塑料浓度呈正相关（Schmidt et al., 2017）。高被引 Top2 的是来自奥地利的学者 Lechner Aaron 等在 2014 年发表在 *Environmental Pollution* 刊物上题为“The Danube so colourful: A potpourri of plastic litter outnumbers fish larvae in Europe's second largest river”的文章。该研究呈现了奥地利多瑙河的塑料数量，对漂流塑料物品进行分类和量化。将河流中的塑料丰度和塑料质量与浮游鱼类（幼鱼）体内的塑料丰度和塑料质量进行了比较，探究了塑料对浮游鱼类群落的影响（Lechner et al., 2014）。高被引 Top3 的是来自荷兰的学者 van Emmerik Tim 等在 2018 年发表在 *Frontiers in Marine Science* 期刊上题为“A Methodology to characterize riverine macro-plastic emission into the ocean”的文章。这项研究提出了一种新的方法来模拟大型塑料从河流到海洋的过程和时空变化，并将其用于估计越南西贡河的塑料排放量（van Emmerik et al., 2018）。从高被引文献可以看出，海洋陆源污染中的塑料污染问题成为国际学者普遍关注的研究热点。未来的研究可能将会更多倾向于对河流中的塑料负荷研究以及经河流输入海洋的塑料对生态系统造成的影响研究。

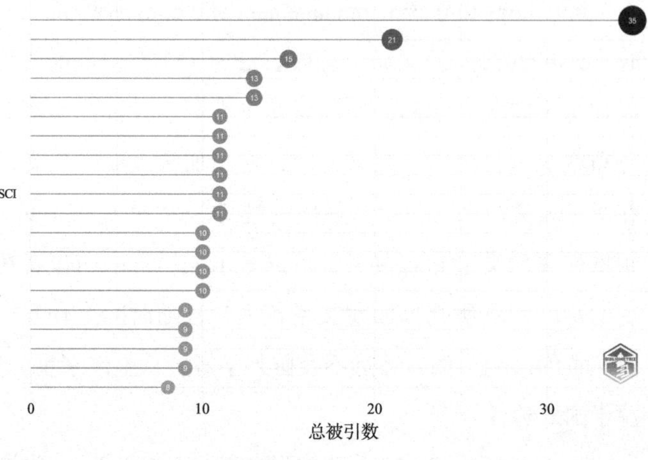

图 1-3　Top20 篇高被引文献

图 1-4 表示 Top20 位作者、主题关键词与来源关系图。由图 1-4 可以看出，陆源污染相关问题研究最受欢迎的刊物是 *Marine Pollution Bulletin*，*Science of the Total Environment* 和 *Frontiers in Marine Science*。其中关注度高的研究话题是“Plastic Pollution”“Microplastics”“Pollution”“Water Quality”和“Marine Litter”。图 1-5 表示高频关键词演变图。由演变图可以明显看出，研究主题逐渐由海水富营养化（Eutrophication）、营养盐污染（Nutrients）、重金属污染（Heavy metals）、废水排放（Wastewaters）、农药污染（Pesticides）以及石油泄漏污染（Oil pollution）对海洋生态系统的影响研究逐渐演变为对海洋垃圾（Marine litter）、微塑料（Microplastic）、废弃物的足迹、负荷计算及沉积物污染对海洋生态系统的影响和海洋环境健康的评价问题研究。Ellegaard 等（2006）探究了丹麦河口生态系统结构变化与营养盐污染负荷的关系，研究结果表明，河口生物量的变化是由富营养化程度增加所引起的。Tsujimoto 等（2006）研究了过去 150 年日本大阪湾富营养化对浅海底栖有孔虫的影响。Leduc 等（2021）以巴西狂欢节作为时间案例，研究了狂欢节期间陆地噪声污染对近岸珊瑚礁鱼的影响。研究结果表明，巴西狂欢节期间所产生的噪声严重影响了珊瑚礁鱼类的水下活动，并指出生态保护问题需要关注由陆源产生的水下声音对海洋生物可能产生的危害影响。Tosic 等（2019）以哥伦比亚卡塔赫纳湾（Cartagena Bay）为研究区域，考虑悬移沉积物的珊瑚礁阈值，应用现场校准的三维水动力 - 水质模型（MOHID），将海洋阈

值与河流载荷联系起来，为保护和养护珊瑚礁局部尺度的沿海水质目标提供一种科学方法。Santodomingo 等（2021）调查探究了马来西亚东沙巴达弗尔湾（Darvel Bay）湾珊瑚礁的海洋垃圾污染状况。通过调查研究发现，东沙巴达弗尔湾珊瑚礁的海洋垃圾平均密度量可达 10.7 件 /100m^2。其中，塑料占 91%，其余的 9% 是金属、玻璃和木材。Mueller 等（2022）评估了印度尼西亚邦加海峡海洋大型垃圾污染状况及其对珊瑚的影响。通过实地调查和研究表明，轴孔珊瑚，尤其是圆筒滨珊瑚，受塑料垃圾缠结的影响最大。

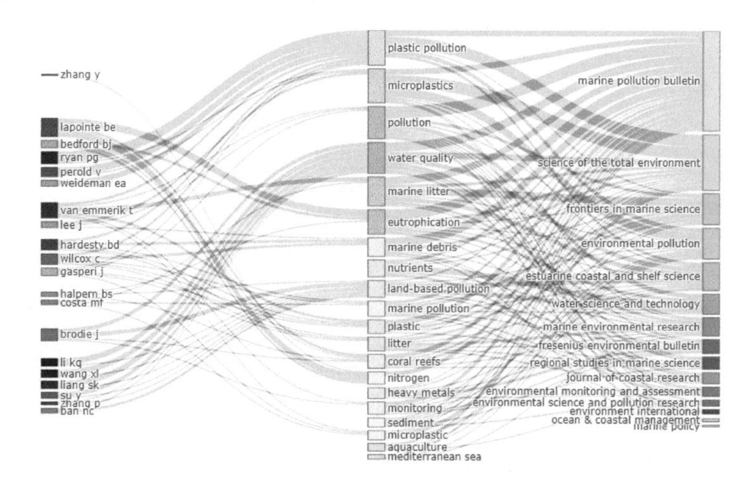

图 1-4　Top20 位作者、关键词与来源关系

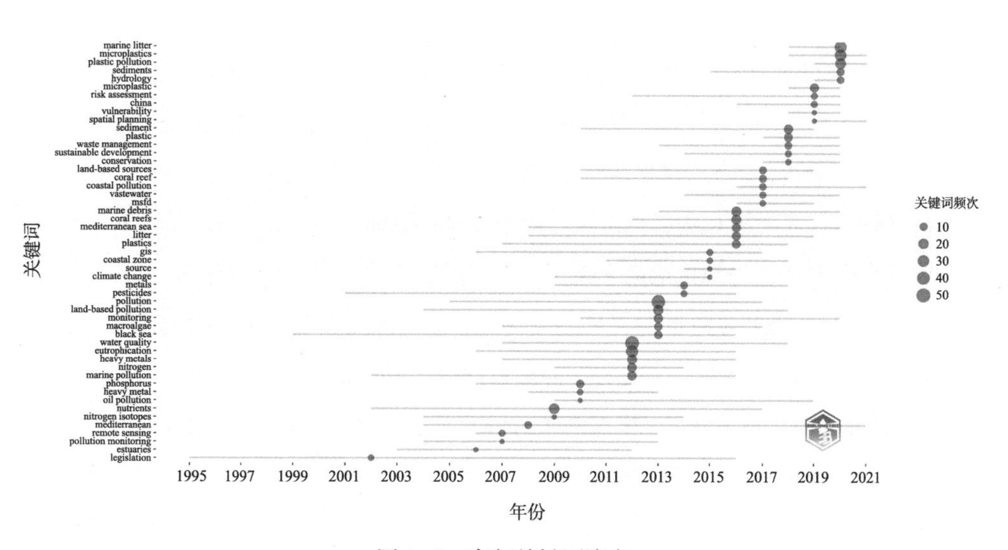

图 1-5　高频关键词演变

图 1-6 表示高频词概念结构图。

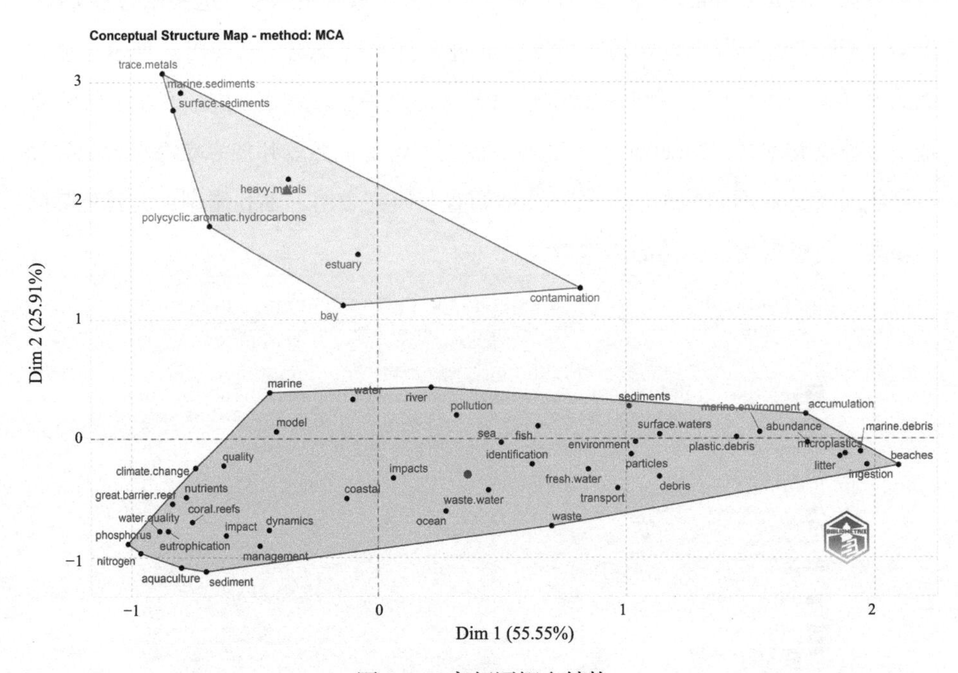

图 1-6　高频词概念结构

（注：不同分类中间的点坐标分布为不同分类的术语 Dim 1 和 Dim 2 均值）

高频词概念结构图通过运用多重对应分析（Multiple Correspondence Analysis, MCA）降维技术方法进行聚类所得。由图 1-6 可知，Dim 1 和 Dim 2 分别解释了总变异的 50.55% 和 16.91%，累积解释率达到 67.46%。通过对不同标注的红色和关键词进行分析，发现陆源污染对海洋生态系统的影响研究问题主要分为两类。一类是海湾地区的沉积物和重金属污染物浓度问题研究。如，Zhang 等（2021a）以中国广东省 3 个海湾区的海草生态系统为研究对象，评估了重金属（Cr、Ni、Cu、Zn、Cd、Pb）对海草生存环境的污染程度和重金属对海草的生态压力，并了解不同地区的海草中重金属的生物富集特征。Burgos-Núñez 等（2017）以哥伦比亚 Cispatá Bay 的热带海洋生态系统为研究对象，调查研究该区域的多环芳烃和重金属含量。结果发现海鸟体内重金属含量高，可能与它们的食性有关。Cispatá Bay 出现多环芳烃，可能是由附近的油港在运输石油时发生了碳氢化合物泄漏所

引起的。第二类是近岸海水富营养化、海洋塑料垃圾等海洋环境污染对海洋生态系统的影响问题，以及海水富营养化形成的原因和河流中氮、磷的主要来源等相关问题研究。关于这类问题的研究较为广泛，其研究成果也比较丰富。如，Lenhart等（2010）通过模拟预测营养物、污染物减少对北海富营养化状况的影响。Luong等（2014）利用反演模型和生态网络分析推断营养物富集对海洋生态系统的时变效应。Cheng等（2021）应用SWAT模型模拟中国海岸带流域河流中磷的来源和存留。

对于国内研究状况而言，陆源污染对海洋生态系统的影响研究成果相对较少，而就陆源污染问题研究成果相对较多。其中，陆源污染问题的研究主要集中在陆源污染的来源、负荷以及迁移变化等方面。如，王有霄等（2019）以胶州湾海岸带为研究区域，研究时间跨度为2000—2013年，采用输出系数模型（ECM）对研究区域的氮、磷非点源污染负荷量及其时空分布特征进行了模拟和估算。研究结果表明，导致河流中氮、磷污染物入海系数的差别的主要原因是由河流的分布及其流经区域的不同所引起的，氮、磷污染物总量经河流的自然净化过程后会造成一部分的损失。涂振顺等（2009）通过实证分析的方法，运用经验模型、土壤流失和污染物流失方程以及排污系数法对罗源湾的陆源污染物负荷进行了模拟和估算。研究结果发现，在未来的环境规划与管理中，借助GIS工具进行汇水区单元划分来模拟陆源污染物的来源具有一定的有效性。张鹏等（2019）通过实地采样调查，采用分光光度法测定并分析了湛江湾夏季时段溶解态氮和溶解态磷（两种海洋陆源污染物）的浓度、构成及其入海通量特征。研究结果表明，湛江湾两种陆源入海污染物浓度相对较高，存在氮、磷比例失衡的现象。从空间分布上看，陆源污染物输入通量整体上呈西高东低特征。除上述研究成果外，国内关于陆源污染问题的研究还包括陆源污染的治理、管理体制以及生态系统灾害损失评估等方面。如，童晨等（2018）针对宁波象山港陆源污染对当地海洋生态系统服务功能造成的损害问题，采用生态系统评估与服务价值评估相结合的方法，对其进行了损害与补偿量化研究。张继平等（2017）通过采用多项logistic回归模型，系统分析了地方官员与海洋环境治理绩效之间的关系，研究结果发现，地方经济的发展水平及环境治理的投入与地方官员的晋升机会之间具有明显的

相关性，而海洋污染的治理投入及治理成效却与官员的晋升机会之间没有明显关系。

在陆源污染对海洋生态系统的影响问题研究方面，胡玲玲（2019）基于人口密度和人类活动频繁度特征，选择长江三角洲城市群作为研究区域，通过调查研究区域范围内小水体中的微塑料空间分布特征，探究了微塑料在水生生物体内的动力学过程和毒性效应。石晓勇（2003）以长江口邻近海域为研究区域，通过采用现场调查和围隔生态实验的方式，运用生态系统动力学模型对研究区域的营养盐和石油烃两类污染物的空间分布及其对海洋生态系统的影响进行了研究。吕永龙等（2016）在梳理、总结和分析国内外大量相关文献的基础上，同时结合与国际专家研讨的结果，从海洋资源开发、人类活动和气候变化双重作用两个大的方面分别阐述了陆源人类活动对近海海洋生态系统造成的环境影响。徐明祎（2020）以台湾、广西、海南红树林区为研究对象，探究了研究区域红树林中不同溶解性有机质（Dissolved organic matter, DOM）的主要来源、主导影响因素及其对重金属的耦合机理，并对其环境行为、未来产生的作用和环境归趋机理进行了详细分析。冉祥滨等（2011）在对国内外关于陆海相互作用中的营养盐生物地球化学过程问题研究文献进行梳理总结的基础上，认为海洋营养盐的浓度和组成在人类活动的干扰下发生了巨大的变化，此外，近海浮游生态系统也在一定程度上发生了改变，具体可以体现为海水富营养化程度不断加重和非硅藻类赤潮次数明显增多。石金辉等（2006）基于对国内外相关文献研究结果的总结，对近岸和海洋中输入的大气有机氮的来源、组成、通量及其对海洋生态系统的影响进行了系统阐述。研究结果显示，海洋中大气有机氮的输入不但可以促进海洋浮游生物量的增加，而且还可能对海洋生态系统的结构和功能造成影响。在总氮中，气溶胶中有机氮所占的比例范围约在 24.9% ~ 54.3%；陆地上雨水中以有机形式存在的溶解氮的范围约在 15.2% ~ 45.2%；而在海洋中，溶解有机氮占雨水中总氮的比例范围约在 59.5% ~ 66.1%。

1.2.2.2 海洋活动对海洋生态系统的影响问题研究综述

由于国内外关于海洋活动对海洋生态系统的影响问题研究相对较少，因此本

小节中不再使用 Biblometric 工具对相关文献进行计量统计分析和可视化分析。通过阅读有关文献发现，国内外关于海洋活动对海洋生态系统的影响问题研究主要围绕海洋捕捞活动、沿岸港口、海上交通运输以及海洋工程设施和建设展开对海洋生态系统影响的探讨。在国外研究中，Pancrazi 等（2020）研究了 2016 年全球珊瑚白化事件对马尔代夫的影响与同年发生在马尔代夫居民岛的填海造地活动之间的协同效应。Lin 等（2020）通过对比发电厂建设前（2006 年）后（2013—2014 年）热排放对海水温度和生物群落的影响结果发现，发电厂的热排放引起的热分层现象会导致水动力条件发生垂直变化，将显著影响浮游植物的丰度和群落结构。海水温度升高会使表层和底层叶绿素 *a* 浓度分别降低 34% 和 63%，而底部海水温度的升高可能还不足以显著影响大型底栖动物，但对浮游生物群落则会产生显著影响。Lai 等（2015）借助遥感动态变化监测技术，对新加坡 20 年的海岸带动态变化进行了量化，并分析了未来规划对栖息地所产生的影响。1993 年和 2011 年的海岸地形图比较数据显示，因大规模的围填海造成珊瑚礁海岸的覆盖面积缩减 7.5 km^2，泥质 / 砂质海岸的覆盖面积减小了 3.0 km^2。按照城市发展规划，在未来围填海将导致所有的栖息地面积进一步缩小。Hossain 等（2019）利用开发的图像增强技术，对马来西亚蒲莱河湾（Pulai）海草床的覆盖和分布变化进行了绘制。评估了基于 Landsat 图像（1994—2017 年）的海岸填海活动的环境影响（总体精度为 87%）。研究结果显示，由于围填海活动造成一些海草经历了大规模的变化，其物理破坏和过量沉积物导致栖息地退化和海草床覆盖面积减少。

在国内研究中，林跃生等（2021）采用经济价值核算模型对某地填海造地的相关海洋生态系统服务功能价值损失量进行了科学评估，评估结果为相关部门制定海洋生态补偿标准提供了有效参考。胡宗恩等（2016）以胶州湾为研究区域，在构建海洋生态系统影响评价指标体系的基础上，通过采用熵值法和模糊物元模型相结合的方法分别对研究区域 1986 年、2000 年和 2010 年填海造地的海洋生态系统损害进行评估。研究结果显示，海洋生态系统退化程度与围填海工程规模大小呈显著相关；随着时间变化，围填海对海洋生态产生的累积影响将更加突出。董占琢（2009）通过建立包含捕捞因素在内的简单海洋生态系统动力学模型，研

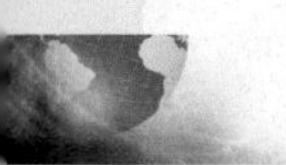

究捕捞对系统的影响，揭示了该系统在捕捞影响下的非线性动力学特性。此外，运用 Ecosim 软件对渤海在过度捕捞压力下的生态系统结构和功能的变化过程进行了模拟。罗民波等（2007）为探究洋山岛周围大型海洋工程对海域大型底栖动物生态分布的影响，结合 2001 年的本地调查和 2003—2005 年 4 个年度中 2 月（冬季）、5 月（春季）和 8 月（夏季）对杭州湾附近水域 20 个取样站的 3 个航次的底内动物和底上动物的调查数据，经分析研究表明，洋山岛周围海域底栖环境受大型海洋工程的干扰导致了底上动物的栖息地破碎化，群落结构稳定性也随之降低。

1.2.2.3 气候变化对海洋生态系统的影响问题研究综述

在本小节中，为了解国际上关于气候对海洋生态系统的影响问题研究进展，与 1.2.2.1 小节同样使用 Bibliometrix 工具进行文献计量可视化分析。在数据来源方面，选择 Web of Science 核心合集数据库中的英文文献进行检索，时间跨度为 1980 年 1 月 1 日至 2021 年 12 月 31 日。设定 WOS 数据库的检索式主题词 =（“Climate change” AND “Marine ecosystems” OR “Coastal wetlands”），文献来源为 Science Citation Index Expanded (SCI-Expanded), Social Sciences Citation Index (SSCI), Conference Proceedings Citation Index-Science (CPCI-S), Conference Proceedings Citation Index-Social Sciences & Humanities (CPCI-SSH)，文献类型限制为 Articles，Proceedings Papers，Review Articles，语种设置选择为英语，数据下载方式为“全记录包含所引用的参考文献以及摘要”。删除重复数据和不相关数据后，最终选择 8 172 篇英文文献对其进行分析。

图 1-7 为关于气候变化对海洋生态系统的影响问题研究的年发文量变化趋势。由图 1-7 可以看出，自 1980 年以来，国际上关于气候变化对海洋生态系统的影响问题研究的文献数量呈指数级增长，并在 2021 年达到峰值（1 064 篇）。其中，1990—2006 年整体表现为缓慢增长态势，2006—2014 年整体呈现为快速增长态势，2014—2021 年则呈现爆发式的增长态势。从文献增长态势可以看出，近年来随着气候变化的影响日益加剧，气候变化对海洋生态系统的威胁和影响逐渐成为全球普遍关注的热点话题。

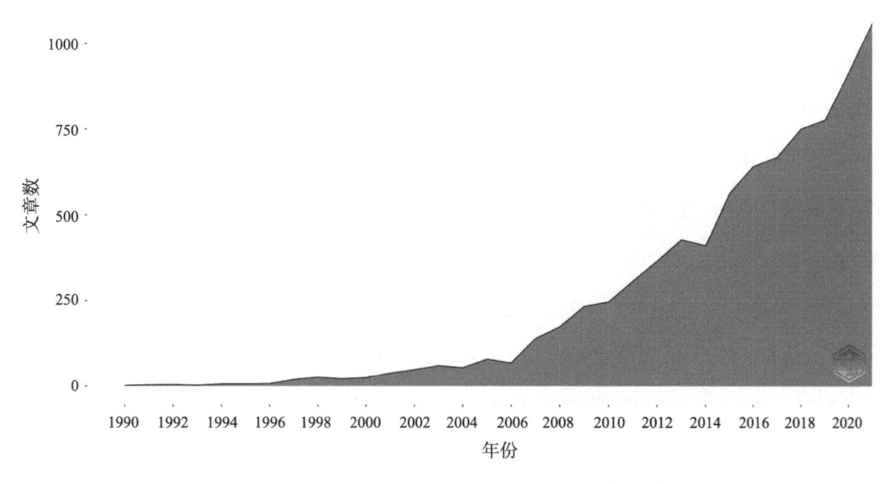

图 1-7 1980—2021 年发文量变化趋势

图 1-8 表示领域内 Top20 位高产作者文献产量和总被引时间演化情况。

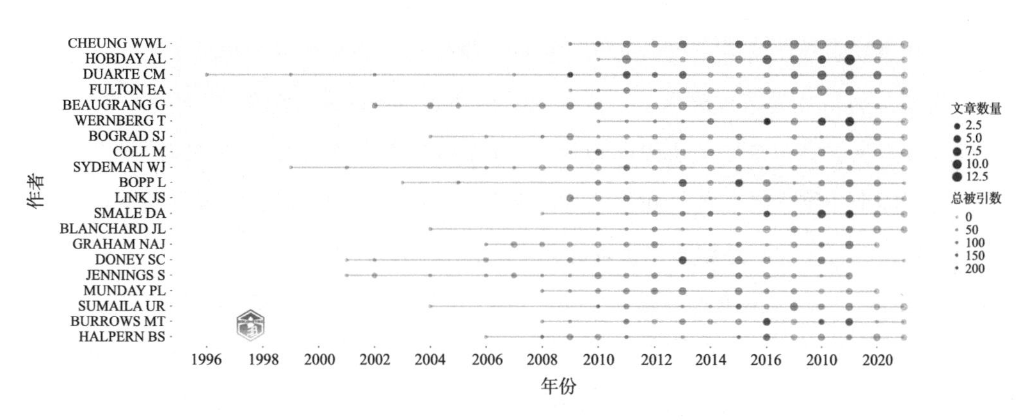

图 1-8 Top20 位作者文献产量和总被引情况

由图 1-8 可以看出，在该领域中发文量最多的 Top5 位作者分别是来自加拿大学者 Cheung William W. L（77 篇）、Hobday Alistair J（66 篇），西班牙学者 Duarte Carlos M（59 篇），澳大利亚学者 Fulton E. A（55 篇），法国学者 Beaugrand Grégory（49 篇）。该领域总被引频次最高的文献是来自西班牙的学者 Duarte Carlos M 等于 2009 年在 PNAS 期刊上发表的题为“Accelerating loss of seagrasses across the globe threatens coastal ecosystems”的文章，总被引量为 2 109 次。

在他们的研究中，通过对全球215项研究的综合评估发现，在气候变化和人类活动的干扰下，全球范围内的海草面积正以110 $km^2 \cdot a^{-1}$ 的速度快速消失。自1879年首次记录以来，截至目前已造成29%的海草床面积丧失，下降的速度也已经从1940年每年的0.9%上升到自1990年以来的7%（Waycott et al., 2009）。其次是来自美国的Halpern Benjamin S等于2019年在*Ecology Letters*刊物上发表的题为“Interactive and cumulative effects of multiple human stressors in marine systems”的文章，总被引量为1 196次。在这项研究中，科学家们运用Meta分析法研究了人类活动压力对海洋生态系统的交互和累积效应，其中气候变化压力影响因子包括海平面上升、海表温度、海洋酸化和海洋UV辐射（Crain et al., 2008）。该领域总被引频次第三高的是来自加拿大的Sumaila Ussif Rashid等于2010年在*Science*期刊上发表的题为“Scenarios for Global Biodiversity in the 21st Century”的文章，总被引量为1 068次。在这项研究中，科学家们运用定量情景工具评估了代表性浓度路径（RCPs）对生物多样性和生态系统服务的影响，分析了全球陆地、淡水和海洋生物多样性情景，包括灭绝、物种数量变化、栖息地丧失和分布转移，并将模型预测与观测结果进行了比较（Pereira Henrique et al., 2010）。从该研究领域最高发文量和总被引量可以明显看出，Top20作者中并没有来自中国的学者，表明国际上中国学者在气候变化对海洋生态系统的影响问题研究领域方面文献量相对较少，对于此问题和研究领域的关注度和影响度相对较低。

图1-9表示Top20篇高被引文献。高被引Top1的是来自澳大利亚的Hoegh-Guldberg O等于2007年发表在*Science*期刊上的题为“Coral Reefs Under Rapid Climate Change and Ocean Acidification”的文章。该研究通过综述的形式阐述了气候变化和海洋酸化对珊瑚礁的损害。研究表明全球变暖和海洋酸化将破坏碳酸盐的增生，未来珊瑚将变得越来越罕见（Hoegh-Guldberg et al., 2007）。高被引排名Top2的仍然是来自澳大利亚的Hoegh-Guldberg O和Bruno John F在2010年发表在*Science*期刊上的题为“The Impact of Climate Change on the World’s Marine Ecosystems”的文章。这项研究指出海洋生态系统对于地球上的生物而言至关重要，但人类对气候变化如何影响海洋生态系统了解得还不够。气候变化对海洋生态系统的影响包括海洋生产力下降、食物网动态改变、成栖息地的物种数量减少、物

种分布移动和疾病发病率增加。尽管这些影响在空间和时间上存有较大的不确定性，但气候变化明显地从根本上改变了海洋生态系统（Hoegh-Guldberg and Bruno John, 2010）。高被引 Top3 的是来自荷兰的 Harley 等于 2006 年发表在 *Ecology Letters* 期刊上题为“The impacts of climate change in coastal marine systems”的文章。这项研究从物理因素（海水温度上升和海平面上升）和化学因素（CO_2 和 pH 变化）两个角度分析了气候变化对海洋生态系统的影响变化，包括生物分布区、生物地理区范围、物种组成、多样性和群落结构以及生态系统初级生产力和次级生产力等（Harley et al., 2006）。

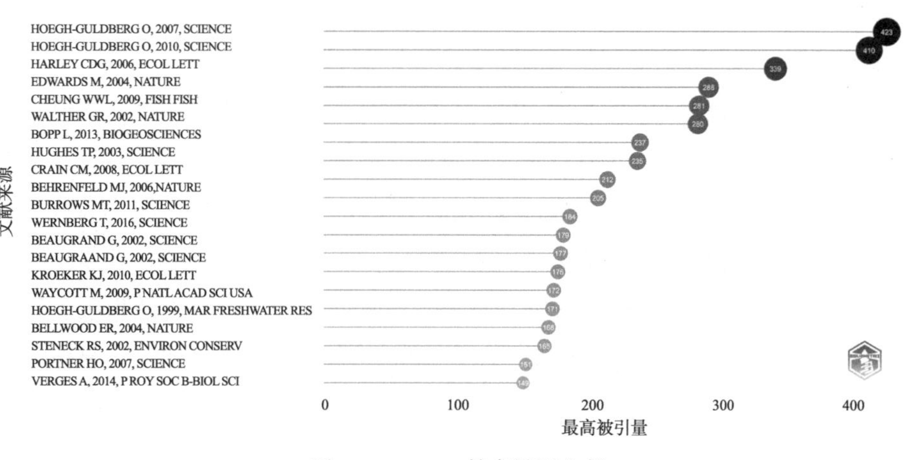

图 1-9　Top20 篇高被引文献

图 1-10 表示 Top20 位作者、关键词与来源关系。由图 1-10 可以看出，气候变化对海洋生态系统的影响相关问题研究最受欢迎的刊物是 *Global Change Biology*、*Frontiers in Marine Science* 和 *Marine Ecology Progress Series*。其中该研究领域涉及的高频词汇为气候变化（Climate change）、海洋酸化（Ocean acidification）、渔场（Fisheries）、生物多样性（Biodiversity）和气温（Temperature）。图 1-11 为高频关键词演变。根据演变图可以看出，早些年气候变化对海洋生态系统的影响研究主要关注对海洋生物体的影响。如，鱼类（Fisheries）、海龟（Sea turtles）、鲸类（Whales）、海鸟（Seabirds）等。后来逐渐开始关注气候变化（Climate change），包括海平面上升（Sea level rise）、海洋酸化（Ocean acidification）和全球变暖（Global warming）对海草（Seagrass）和珊瑚礁（Coral reefs）等典型

海洋生态系统的影响，包括生物多样性（Biodiversity）、食物网（Food web）等。Song 等（2021）首次提出了以变态过程的敏感性（Susceptibility）和脆弱性（Vulnerability）视角重新审视全球气候变化对海洋生物多样性影响的新观点。研究认为多数海洋无脊椎动物均需要经历变态过程，变态对环境的易感性和易损性最高；不同于陆地无脊椎动物（昆虫类）、脊椎动物（鱼类、蛙类）的变态，海洋无脊椎动物的变态往往依赖外源信号，其中最重要的是来自微生物的变态诱导信号；全球气候变化将产生“微生物－幼虫变态”的平衡漂变，进而产生蝴蝶效应；忽视变态过程的脆弱性和“微生物－幼虫变态”的平衡漂变去评估全球气候变化对海洋生物多样性的影响，可能导致错误性结论。Baag 等（2021）从分子到生态系统的视角首次以综合方式讨论了海洋变暖和酸化对海洋鱼类和贝类的影响，包括海洋鱼类和贝类的生长、生存、行为反应、钙化、生物矿化、繁殖、生理、热耐受性、分子水平的反应以及免疫系统和疾病易感性。Ani 等（2021）认为预测气候变化对海洋生态系统的影响以及制定干预和缓解政策需要可靠的海洋生态系统响应模型，如，生物地球化学模型等。并表示由于复杂性，在海洋生态系统建模过程中往往忽略了几个重要方面，其中包括使用多个 IPCC 情景、集合建模方法、独立校准数据集、考虑云量、洋流、风速、海平面上升、风暴频率、风暴强度的变化以及纳入物种对不断变化的环境条件的适应性。Murray 等（2015）以加拿大不列颠哥伦比亚近海海域为研究区域，空间量化了不同情景下（气候变化和规划发展）海洋生态系统的累积效应。研究结果显示，在研究区域范围内，气候变化导致的累积效应变化最大，影响广泛，脆弱性得分高。在规划发展的区域，规划为工业和管道的区域具有较高的累积效应，且对近岸栖息地的危害最大。Abdelhady 等（2015）基于一种定量生态生物地层学方法，评估了赛诺曼期的海平面上升对中东南部的特提斯海地区海岸带生态系统的影响。Smale 等（2019）分析了海洋盆地所有高温热浪事件的趋势和特征，并研究了它们从物种到生态系统的生物影响。研究结果表明，太平洋、大西洋和印度洋的多个区域极易受到超强次海洋热浪事件的影响。海洋高温热浪强可能会随着人为气候变化而加剧，并且它正迅速成为最有力的干扰因素，并将在未来几十年会重塑整个生态系统，最终影响生态产品和服务的供给。

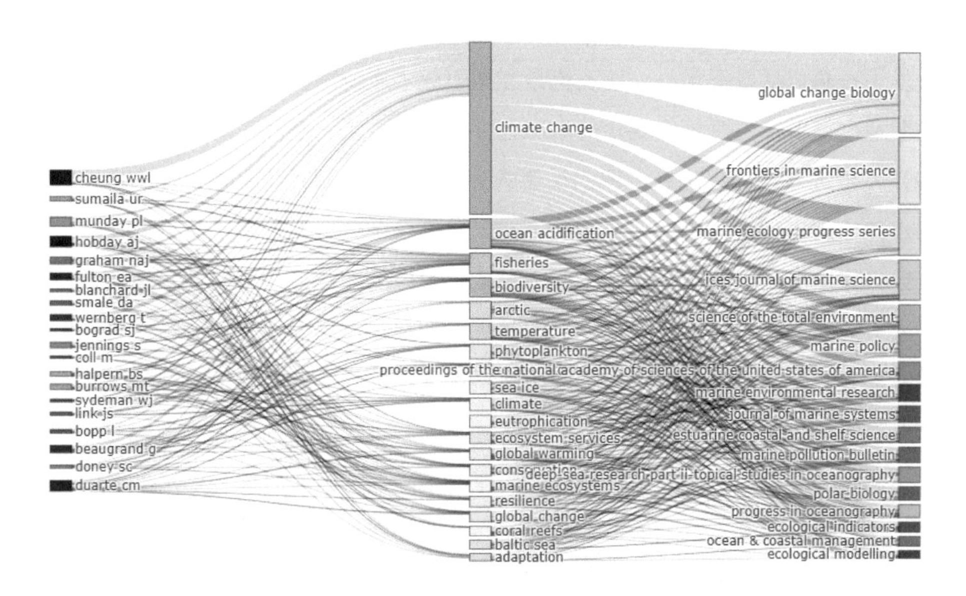

图 1-10　Top20 位作者、关键词与来源关系

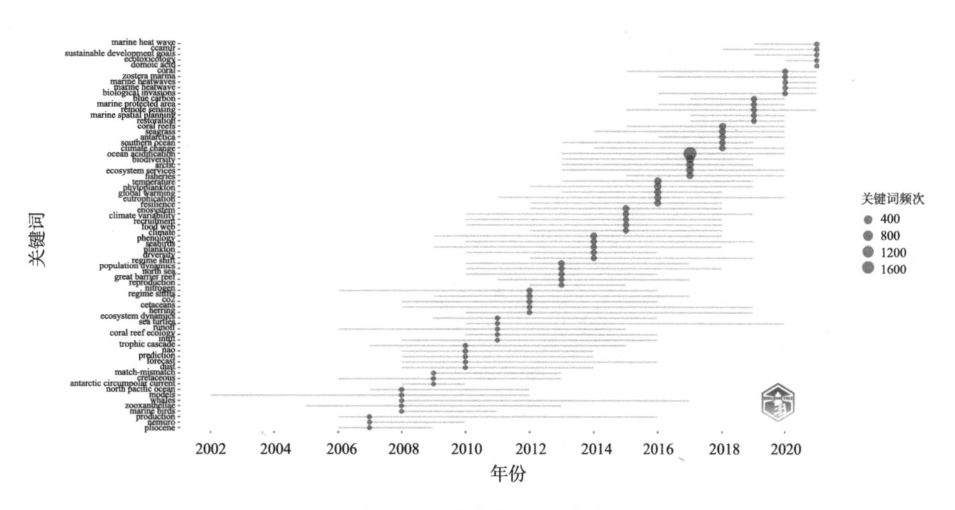

图 1-11　高频关键词演变

图 1-12 表示高频词概念结构。从图 1-12 可以看出，Dim 1 和 Dim 2 分别解释了总变异的 46.35% 和 20.47%，累积解释率达到 66.82%。通过对不同标注的红色和关键词进行分析，发现气候变化对海洋生态系统的影响相关问题研究主要分为

两类：一类是气候变化背景下的海洋生态系统韧性研究。如，Zhang 等（2018）开发了一套包括地下水位、地表流量和地下咸水水位变化的可定量性的指标去改进湿地生态系统应对气候变化的水文韧性的量化方法，然后，运用该方法研究了1995—2014 年期间美国北卡罗来纳州的海岸带湿地景观地下水位、地表流量和咸水水位的阈值行为。研究结果发现，在干旱气候条件下，地下水位的多尺度变化可以很好地反映湿地的水文抗旱能力。咸水水位的变化是衡量湿地水文韧性对海平面上升的一项重要指标。另外一类是气候变暖、海平面上升、海洋酸化、海表温度上升等气候变化对海洋生物及生态系统造成的影响问题和海洋生物及生态系统对气候变化的响应等问题研究。关于这类问题，国际上的研究成果相对比较丰富。如，Lam 等（2019）选择印度尼西亚和泰国作为案例研究，提出了缓解和适应海洋酸化对珊瑚礁影响的一般性建议。建议通过评估气候政策、教育水平、政策协调性、研究能力和地方管理水平，充分了解每个国家在应对海洋酸化对珊瑚礁影响方面的现状。Dutra 等（2021）认为热带太平洋地区的珊瑚礁面临着一系

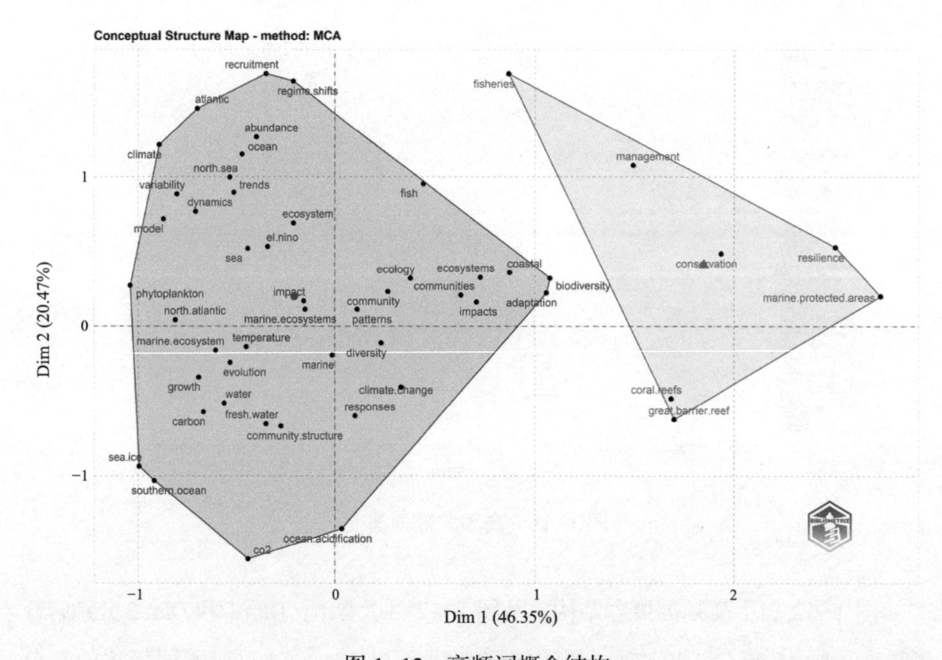

图 1–12　高频词概念结构

（注：不同分类中间的点坐标分布为不同分类的术语的 Dim1 和 Dim2 的均值）

列人为的局部压力。气候变化正在加剧当地的影响，造成珊瑚礁栖息地前所未有的减少，并给严重依赖珊瑚礁获取食物、收入和生计的太平洋区域的社区带来严重的负面的社会经济后果。温室气体排放的持续增加将推动未来的气候变化，这将加速珊瑚礁退化。Tkachenko 等（2021）表示全球气候变化导致的热异常频率增加，对南沙群岛的珊瑚礁产生了越来越大的影响。通过对 2018—2019 年在南沙群岛内 15 个地点的珊瑚进行调查显示，在不断反复的温度压力的作用下，珊瑚群落发生了耐热珊瑚类群的优势转变和耐热珊瑚类群的粒度频率分布向新生一代的优势类群转变的变化。Reed 等（2020）以路易斯安那州海岸带地区为研究对象，模拟在未来海平面上升情景下滨海湿地的变迁和流失以及影响因素。研究结果表明在 50 年的模拟中，随时间的变化，滨海湿地的面积流失非常大，其中，前 20 年几乎没有损失，但在未来 25 ~ 40 年中流失率将会很高。在所有情景假设下，在大多数海岸地区，造成大部分滨海湿地流失的主要原因是洪水淹没。

国内关于气候变化对海洋生态系统的影响研究相对较少，且大部分研究成果主要以定性分析为主。如，王友绍（2021）揭示了全球气候变暖、海平面上升、大气二氧化碳浓度的增加、极端天气对红树林湿地生态系统造成的影响以及红树林对人类活动的响应与适应的生态学模式，此外还对红树林在缓解全球气候变化中发挥的主要作用进行了简要概述。叶幼亭和史大林等（2020）通过采用文献计量方法对国内外全球变化对海洋生态系统影响的文献研究做了演化分析。该研究主要从海洋变暖、海洋酸化和富营养化与缺氧方面阐述了其对海洋生态系统初级生产的关键过程影响。陈宝红等（2009）根据国内外有关气候变化对海洋生物多样性影响的研究情况，分别从海表温度变化、二氧化碳浓度变化、海平面上升、降雨量变化、海洋水文结构和海流变化以及紫外线辐射增强等多方面综合探讨了气候变化对海洋生物多样性的影响。黄邦钦等（2019）通过综述的形式介绍了项目所取得的研究进展，成果包括对西太平洋中低纬度边缘海浮游植物群落的时空格局、多样性特征与演变机制进行了详细阐释，揭示了束毛藻固氮和其生长受海洋酸化抑制的机理以及气候变化和海洋酸化下南海珊瑚钙化的响应等。聂磊等（2021）比较和分析了海洋酸化对南海海域的壳状珊瑚藻和枝状珊瑚藻影响的差

异，包括其生长、光合色素积累、碳酸酐酶以及钙化固碳。

1.2.2.4 海洋生态系统累积压力影响评价研究综述

国际上对于海洋生态系统累积压力影响评价的研究成果较为丰富。其中在该领域开创先河的是Halpern等于2008年发表在*Science*期刊的题为“A Global Map of Human Impact on Marine Ecosystems”的文章，该研究首次在全球尺度上空间量化并分析了人类活动对海洋生态系统的累积影响。研究结果显示，全球海域均在不同程度上受到人类活动的影响，其中受强烈程度干扰的海域面积约占41%（Halpern et al., 2008）。这项研究逐步引起了国内外学者对于海洋生态系统累积压力影响空间量化评价研究的热潮。此后Halpern等在前期研究的基础上，对研究方法、时间尺度和研究视角进行了改进优化，并于2015年在*Nature Communication*期刊上发表了题为“Spatial and temporal changes in cumulative human impacts on the world’s ocean”的研究。其结果显示，由于气候变化压力的驱动，全球有近66%的海洋和77%的国家管辖区的海洋压力呈现增加趋势，其中随着压力的增加，有5%的海洋受到严重影响，仅有10%的海洋受影响较小（Halpern et al., 2015）。随后，Halpern等又于2019年在*Scientific Reports*期刊上发表题为“Recent pace of change in human impact on the world’s ocean”的文章。该研究基于2003—2013年的11年内的14种人类压力源的强度及其21个海洋生态系统类型的高分辨率年度数据，运用空间量化模型评估全球海洋累积影响的变化速度以及在海洋中发生这些变化的具体位置和程度，分析哪些压力源及其影响对这些变化的贡献最大。研究结果表明，特别是由于气候变化，也有来自渔业捕捞、陆源污染和航运的影响，导致全球约有59%的海洋的累积影响度显著增加。几乎所有国家近岸海域的人类活动的累积影响都有所增加，海洋生态系统亦是如此。其中珊瑚礁、海草和红树林的风险最大（Halpern et al., 2019）。此后，随着海洋生态系统累积压力效应评价的思路、框架、模型和技术方法的逐步完善，高分辨率遥感监测融合数据和再分析数据的增多，引发了国际学者对海洋生态系统累积压力效应评价研究的兴趣，并将该模型方法广泛运用于全球各局部地区（图1–13）。除此之外，国际上也有很多学者将累积压力影响空间量化模型运用于对生物物种（Andersen et al., 2017; Baag and Mandal, 2022; Magris et

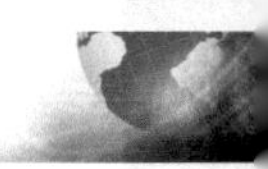

al., 2018）、水资源（Vorosmarty et al., 2010）、生物多样性（Bowler et al., 2020; Vorosmarty et al., 2010）、保护区（Halpern et al., 2009a）和海洋空间规划（Hammar et al., 2020; Loiseau et al., 2021）等方面的评价。

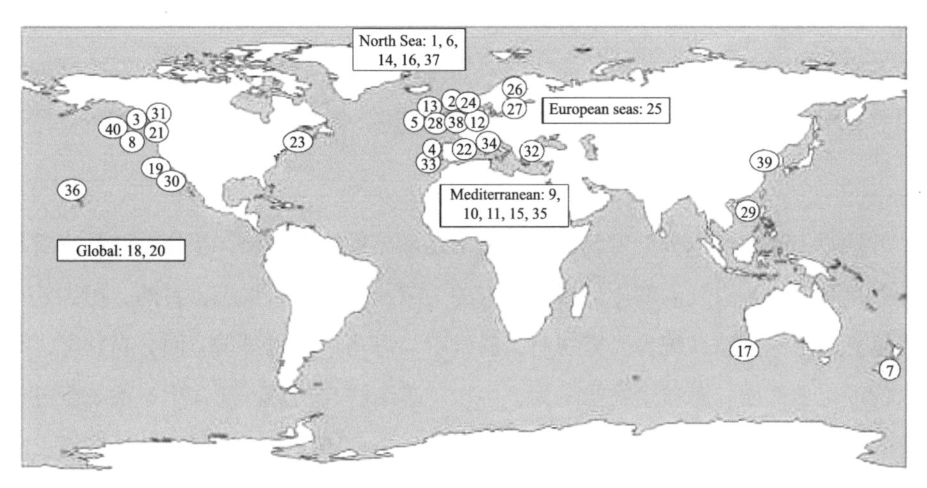

图 1-13 累积压力影响评估的研究分布（Korpinen and Andersen, 2016）

注：1，北海东部；2，英国；3，加拿大；4，葡萄牙；5，大西洋；6，北海；7，新西兰；8，加拿大；9，地中海；10，地中海；11，地中海；12，荷兰；13，英国；14，英国；15，地中海；16，北海；17，澳大利亚；18，全球；19，加利福尼亚；20，全球；21，华盛顿；22，地中海；23，马萨诸塞州；24，苏格兰；25，欧洲海域；26，波罗的海；27，波罗的海；28，新西兰；29，中国香港；30，加利福尼亚；31，加拿大普吉特海湾；32，地中海和黑海；33，西班牙；34，利古里亚海；35，地中海；36，夏威夷；37，北海；38，北海；39，中国胶州湾；40，北太平洋东部

国内关于系统开展海洋生态系统累积压力影响评价的文献研究成果还相对较少。李延峰等（2015）以莱州湾海域为研究区域，通过构建人－海关系空间量化模型，对该研究区域海洋生态系统的人类活动压力影响进行了评价。研究结果表明，海湾受人类活动影响的平均值达 0.425；其中污水排放、围填海工程及港口航运是影响海湾生态系统的主要压力源；受人类活动影响比较大的海域主要集中分布在海湾西南部，影响较小的海域主要分布在海湾以北的外海区域。刘柏静等（2018）运用压力评估模型，借助 GIS 技术工具空间量化评估莱州湾多种海域使用活动对海洋生态环境的潜在影响。研究结果表明，莱州湾海域使用活动的压力总体呈近岸高于远岸、湾顶 > 东部 > 西部的空间分布特征。莱州湾海域海洋生态红线区受到开放式养殖、围海养殖、盐业用海活动的压力较大。江曲图等（2021）以中国

部分近陆海域为研究范围，选择海洋渔业、海洋航运、陆源及近海、气候变化下的 16 个人类活动压力因子，运用空间量化模型对 9 种近海海洋生态系统类型的累积暴露度和累积影响度进行了评价。研究结果表明，中国近海受人类活动影响处于较高和极高的海域分布分别为 22.8% 和 7.6%，其中受人类活动压力影响最大的海域是长三角地区；陆源污染、渔业捕捞是造成近岸海域生态系统影响度较大的主要压力源，对于整个近海海洋生态系统来讲，气候变化对其影响度最高。

1.2.2.5 研究述评与总结

通过上述对国内外陆源污染、海洋活动和气候变化对海洋生态系统的影响研究以及海洋生态系统累积压力影响研究的文献梳理和分析发现，目前，国内外众多学者以海洋生态系统为研究视角，通过对入海污染物总量与空间分布状况、海水物理化学性质、海洋生物指示物、生物群落结构与功能、海洋生态系统服务价值的损害、海洋生态系统承载力和海洋生态系统健康等方面的研究，从侧面反映各个人类活动对海洋生态系统的压力影响。然而，随着近几年高分辨率遥感数据的融合数据集和再分析数据产品的不断涌现以及遥感信息处理技术的快速发展，尤其是地理信息系统的广泛应用，国外许多学者开展了基于多源高分辨率遥感数据建立多尺度生态地理空间模型，从人类活动本身及复合生态系统角度深刻揭示人类活动对海洋生态系统的压力作用的研究工作，对政府部门制定海域生态空间规划与用途管制制度发挥了关键作用。近年来，国内学者也逐渐开始关注该领域的研究，对中国近岸海域、海湾、珊瑚礁等生态系统的人类活动压力进行了空间量化分析。但与国外研究结果相比，国内对于海洋人类活动足迹分布及强度的空间量化研究还相对较少。尽管现有成果填补了在该领域研究的空白，且研究结论具有一定的政策参考和实践价值，然而，国内现有的研究仍存有一些不足：首先，在研究视角上，国内学者关于气候变化对海洋生态系统的影响研究多集中在文献综述概况方面，缺乏深入性的实证或现场观测数据支撑的研究； 此外，现有研究只关注对单一类型的海洋生态系统或具有宏观意义的海洋生态系统的评价，缺乏对全海洋生态系统类型的具体评价研究，缺少综合考虑人类活动和气候变化双重压力对海洋生态系统的影响的定量评价分析。其次，在研究尺度上，现有成果多集中在对渤海区域范围的研究，且在时间尺度上表现出一定的局限性，缺少对较

大空间尺度和长时间序列的研究。最后，在数据来源方面，现有研究主要基于走航监测和站点监测数据，虽然数据能够比较真实地反映环境污染现状，但存在数据陈旧且获取成本较大的缺点，无法保障研究的可持续性和提供政策参考信息的时效性。在海洋开发与保护并重的要求下，人类活动对近海海洋生态系统的压力影响研究显得尤为重要，迫切需要以新的研究视角发展更为直观的评价技术与手段。

本研究在国内外前期研究成果的基础上，基于多源遥感高分辨率数据产品，空间量化并分析了 2006—2020 年人类活动对中国近海海洋生态系统的压力影响。本研究在研究尺度和数据来源方面弥补了国内相关学者对海洋生态系统压力影响的评价研究的不足。相较于国际上 Halpern 等（2008）全球尺度的研究来讲，本研究在结合中国实际情况和参阅相关文献的基础上，在人类活动压力因子体系构建方面做出了进一步补充，增加了泥沙输入量、沿岸发电厂、海洋叶绿素 *a* 浓度等人类活动压力源。此外，在数据来源方面，模型采用了中国区域尺度上精度相对较高的遥感数据产品和统计数据，如化肥和农药施用量、海洋叶绿素 *a* 浓度和土壤侵蚀量等，此外还包括一些通过其他途径获取的官方最新遥感数据集和数据产品，如海洋高温热浪强度、海洋酸化等。对此，本研究希望通过上述方式的优化和改进，以提高对中国近海海洋生态系统压力影响的空间制图精度，客观真实地反映人 - 海矛盾现状，为中国近岸海域空间管理和规划提供有价值的参考信息。

1.3 研究内容、方法和技术路线

1.3.1 研究内容

海洋生态系统的压力影响评估是科学认识各类外界干扰对生命系统的作用规律及生命系统对外界扰动响应的生态学方法。为深刻揭示其中的内在规律，本研究以中国近海海域为研究范围，选取人类活动直接影响因子（陆源污染和海洋活动）和人类活动间接影响因子（气候变化）3 个方面的 14 个生态压力影响因子，针对研究区域范围内的海岸、珊瑚礁、红树林、盐沼等 9 种近海海洋生态系统类型，进行了人类活动对中国近海海洋生态系统的压力影响的评估研究。通过评价分析，以期为国家或地方管理部门制定海洋空间资源开发利用和生态保护政策提供有针

对性的决策参考。按照本书的研究目标，将全书共分为 8 章。

第 1 章：绪论。介绍了近海海洋生态系统正面临着全球气候变化和区域 / 局地人为活动所带来的前所未有的压力，正在发生快速且大幅度变化的研究背景，在此基础上总结并提出本书的研究意义与价值。重点阐述干扰理论、系统论理论和可持续发展理论内容，为本书后续章节提供理论支撑和理论依据。运用文献计量分析方法和 Bibliometrix 工具包，对国内外关于人类活动对近海海洋生态系统的影响问题研究，包括陆源污染、海洋活动和气候变化等进行文献计量分析和可视化分析，揭示人类活动对近海海洋生态系统的影响问题、研究的热点问题及演进历程，以至于能够更好地掌握该领域的动态变化和发展趋势，并在此基础上对现有研究的局限及可能的改进路径进行总结和反思，从而明确本书所要研究的切入点和创新方向。

第 2 章：中国近海海洋生态系统分布状况及其主要影响分析。通过文献查阅和基础数据搜集，系统阐述了中国近海海洋生态系统的空间分布、资源服务价值以及存量状况。从陆源污染、海洋活动和气候变化 3 个方面分别对中国近海海洋生态系统的影响进行详细概述。总结并分析了陆源污染物的排放（排污口、河流通量等）、填海造陆、海水养殖、渔业过度捕捞、外来物种入侵以及全球气候变暖等对中国近海海洋水质环境、海洋生物多样性、渔业资源可持续发展以及滨海湿地生境丧失所造成的负面影响。

第 3 章：陆源污染驱动下的中国近海海洋生态系统压力影响评价。在第 2 章对中国近海海洋生态系统的主要影响因素分析基础上，本章搜集并整理了 6 个关键的陆源污染压力因子数据，包括营养盐污染、有机化学污染、无机化学污染、浮游植物生物量、泥沙输入和直接人类影响，分别使用化肥施用量、农药施用量、不透水面面积、海洋叶绿素 *a* 浓度、沿岸土壤侵蚀量和沿岸人口空间分布数量高分辨率时空数据作为代理变量，运用 GIS 技术进行中国近海海洋生态系统的陆源污染压力的空间量化和时空演变趋势分析。

第 4 章：海洋活动驱动下的中国近海海洋生态系统压力影响评价。本章搜集并整理了 3 个关键的海源污染压力因子数据，包括商业活动、渔业捕捞（手工捕鱼、商业捕捞）和海岸工程（沿岸港口、沿岸发电厂）。具体分别使用船舶航运交通

密度、渔业捕捞压力和港口距离及沿岸电厂分布高分辨率时空数据作为代理变量，运用 GIS 技术进行中国近海海洋生态系统的海洋活动压力空间量化和时空演变趋势分析。

第 5 章：气候变化驱动下的中国近海海洋生态系统压力影响评价。本章收集并整理了海表温度、海平面高度和海洋酸化 3 个关键的气候变化压力因子空间数据。具体分别使用海洋高温热浪、海平面高度异常和文石饱和度（$\Omega_{文石}$）高分辨率时空数据作为代理变量，运用 GIS 技术进行中国近海海洋生态系统的气候变化压力的空间量化和时空演变趋势分析。

第 6 章：中国近海海洋生态系统累积压力影响评价。在第 3 至第 5 章节对各个人类活动压力源影响的时空可视化分析基础上，首先运用专家咨询打分法，获得不同海洋生态系统类型对应不同人类活动压力因子的脆弱性矩阵。然后运用累积压力影响空间量化模型，结合生态系统脆弱性矩阵，运用 GIS 技术对 14 个人类活动压力源空间数据层进行累积叠加，分别获得中国近海海洋人类活动累积压力暴露度和海洋生态系统的累积压力影响度时空变化分布图。使用空间数据统计分析工具对中国近海海洋生态系统的累积压力影响度的各个人类活动压力因子贡献度进行详细分析。

第 7 章：基于自然的解决方案：近海海洋生态系统的保护、恢复与可持续管理。本章选取由世界自然保护联盟成员和地中海地区合作伙伴提供的 4 个典型且具有创新性的基于 NbS 理念实施海洋生态系统保护、恢复以及资源可持续管理的项目案例，分析其项目建设过程、内容、技术方法以及取得效益，并充分总结技术方法与实践经验，旨在为中国近海海洋生态系统保护、恢复以及可持续管理提供 NbS 理论基础与事实依据，以期实现中国近海海洋可持续发展的有效途径，提高近海海洋生态系统固碳增汇的潜力。

第 8 章：总结与展望。从总体上对本书的研究结论进行总结与创新点提取分析，针对研究中存在的不足进行梳理，阐明下一步研究工作的重点和方向。

1.3.2　研究方法

本书所涉及的具体研究方法包括以下几方面。

（1）文献研究法与文献计量分析法。文献计量分析法是一种将各种文献的外部特征作为研究对象，通过计量方法量化与分析文献总数、作者频次、作者机构信息以及论文的 H 指数等，评价某研究领域的研究现状、规律以及演变趋势的分析方法（张晓平等，2022）。本研究中，检索、阅读与陆源污染、海洋活动、气候变化和海洋生态系统等几个主题有关的文献，对其进行系统梳理。在此基础上，运用文献计量分析和 Bibliometrix 工具，对国内外进行人类活动对海洋生态系统的影响问题研究热点及研究趋势进行了总结和分析，并提炼出自己的观点。

（2）资料分析法。基于生态环境部发布的《中国海洋生态环境状况公报》、自然资源部海洋预警监测司编制的《中国海洋灾害公报》和《中国海平面公报》以及中国气象局气候变化中心编制的《中国气候变化蓝皮书》等其他相关信息文献资料，分析中国近海海域生态环境污染情况，引出影响生态系统的陆源污染问题和主要源头。阐述当前气候变化背景下，中国近海海洋生态系统面临的威胁和应对气候变化的响应问题。

（3）空间分析法。利用叠置分析、标准差法、空间插值法、缓冲区分析、空间统计分析等分析方法对 14 个人类活动压力因子进行时空可视化分析；对中国近海海洋人类活动累积压力暴露度和海洋生态系统累积压力影响度进行空间量化分析；对海洋生态系统累积压力影响度的各个人类活动压力因子贡献比例进行统计分析。

（4）累积压力空间量化模型。基于中国近海海洋生态系统类型、人类活动压力因子空间数据以及生态系统脆弱性权重矩阵，运用 GIS 技术对其进行线性累加计算和空间量化分析。

（5）案例分析法。案例研究往往是在对一个或多个案例具体分析的基础上，能够试图寻找条件与结果之间的关系，而这一关系的答案正是研究人员需要发现和解决的科学问题。因此，案例研究对于回答“如何”和“为什么”问题非常擅长。本研究通过介绍和分析 4 个地中海区域基于自然的解决方案理念的海洋生态系统保护、修复和可持续管理的典型案例，回答此解决方案如何在海洋生态保护、修复和可持续管理中进行应用，以及其优势和所产生的效益问题，以期推动基于

自然的解决方案理论在中国的主流化和本土化。

1.3.3　研究技术路线图

本研究的技术路线如图 1-14 所示。

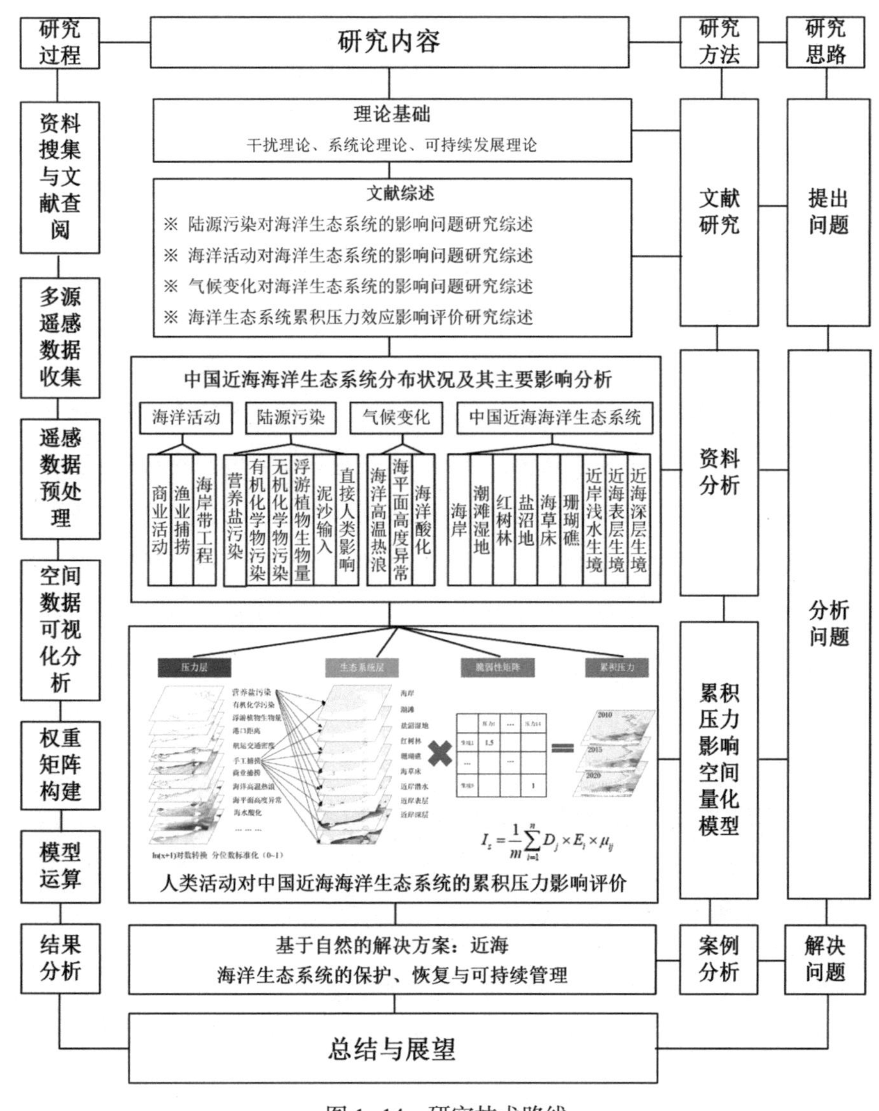

图 1-14　研究技术路线

第2章 中国近海海洋生态系统分布状况及其主要影响分析

海洋生态系统不仅为人类提供了丰富的自然资源，还具有气候调节、水分平衡、营养元素循环和维持生物多样性等多种服务功能。这些功能对于消除贫困、实现经济持续增长、保证粮食安全及创造可持续生计和具有包容性的工作都发挥了作用。然而在气候变化和人类活动双重胁迫下，海洋正在遭受空前的生态压力和威胁。海岸带经济发展造成的水体污染、流域尺度的土壤酸化和水土流失对近岸海水造成污染；沿岸无序围填海活动等会改变近岸海域生态系统的生存环境，影响其生态服务功能。此外，气候变化引起的海洋变暖、海洋酸化、海平面上升和风暴潮的加剧将会进一步改变甚至破坏海洋生态系统的结构，严重影响滨海湿地“蓝碳”生态系统的固碳增汇能力。本章主要介绍中国近海部分主要海洋生态系统的概念、功能及空间分布状况，详细分析了主要人类活动压力给近海海洋生态系统造成的多重负面影响。

2.1 中国近海海洋生态系统概况介绍

2.1.1 潮滩湿地生态系统

潮滩是指沿海大潮高潮位与低潮位之间的潮浸地带，又称滩涂或海涂。按滩涂的物质组成成分，可分为泥质滩涂、沙滩和基岩海岸等3种类型（Murray et al., 2019）。由于受潮汐作用，滩涂时而被水淹没，时而又露出水面，因此滩涂的土壤、水等环境因素同时兼有海洋环境和陆地环境的双重属性，其生物多样性丰富，是

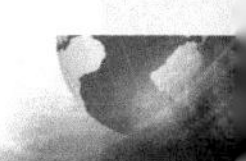

沿岸居民赖以生存的环境之一。滩涂湿地与人类生活、生产息息相关，是沿海居民的天然“粮仓”和“聚宝盆”，是重要的后备土地资源。经过地表或地下径流带来的有机物以及潮汐、潮流带来的海洋中的营养物质不断汇集沉积于滩涂地带，吸引了许多生物聚集于此。因此，沿海居民通过对潮间带和低潮线内的水域进行平整，筑堤、建坝等，在滩涂上发展水产养殖业，提高当地居民的经济收入水平。另外，在全球的滩涂湿地生态系统中，互花米草是最成功的入侵草木盐沼植物之一（曾艳等，2011）。受互花米草入侵后的滩涂，植物生物量和有机凋落物的输入量将得到迅速增加，岸滩上密集的互花米草阻碍水流流速，加速沉积物重金属在互花米草中的蓄积，最终导致滩涂沉积物中重金属污染程度加剧（陈权和马克明，2017）。此外，生长在滩涂湿地中的互花米草还可以吸附来自陆域的大量的氮、磷等营养盐污染物，从而有效减少近岸海域中陆源营养盐的输入，促进滨海湿地初级生产力和生物量的增加（Wang et al., 2020a）。

中国几乎每个沿海地区都有滩涂地，其空间分布如图 2-1 所示。根据最新的研究结果显示，中国滨海滩涂（含泥质滩涂、石滩、沙滩及部分浅海）的面积在 5 379 ~ 8 588 km^2 范围（Jia et al., 2021; Wang et al., 2020a; Wang et al., 2020b）。王法明等（2021）对中国滨海地区的滩涂的埋藏速率进行了估算，得出滩涂的埋藏速率下限为 0.42 $Tg \cdot a^{-1}$（以碳计）。该结果是在已获取泥质滩涂面积、盐沼和红树林的碳埋藏速率数据的基础上进一步估算得出的。

2.1.2　红树林生态系统

红树林是生长在热带、亚热带海岸潮间带的主要植物群落，主要由常绿灌木或乔木组成，是重要的海岸生境之一。红树林不仅能够为当地居民提供生活所需并维持当地人生计，而且还具有消浪缓流和保滩促淤的关键作用。此外，红树林是大量鸟类、贝类、鱼、虾、蟹和昆虫等生物的重要繁育地，其良好的生态环境也为本地和迁徙鸟类提供了重要的栖息地。在环境净化方面，红树林能够吸收重金属与有机氯农药污染物并在树根或树干部位形成富集，使其不易发生转移和扩散，从而避免污染物通过食物链传递给其他海洋生物和人类。红树林通过吸附

大量的氮、磷等元素，可以起到减少海洋陆源污染量、降低海水富营养化程度以及有效抑制赤潮现象发生的作用。在固碳潜力方面，全球红树林的总面积约为 1.4×10^5 km^2，每年沉积物的碳埋藏速率约为 38.3 Tg·a^{-1}（以碳计），远高于盐沼湿地的碳埋藏数量，被认为是固碳最有效的“蓝碳”生态系统（Wang et al., 2021a）。此外，红树林同时受到陆－海环境的双重影响，对全球气候变化的影响具有重要的指示作用。

中国红树林湿地主要集中分布在福建、广东、广西、浙江、海南和台湾等地区，具体空间分布如图 2-1 所示。根据自然资源部及国家林业和草原局公布的最新数据显示，在过去十多年间，中国红树林湿地已经得到了有效修复，其中在近期新造和修复的红树林面积共超过 70 km^2，红树林总面积在 2020 年已经达到 289 km^2。另外，当前有 52 个自然保护地在红树林分布区域建立，这样使得 55 % 的红树林湿地被纳入自然保护地范围，这一数据远高于世界 25 % 的平均水平。

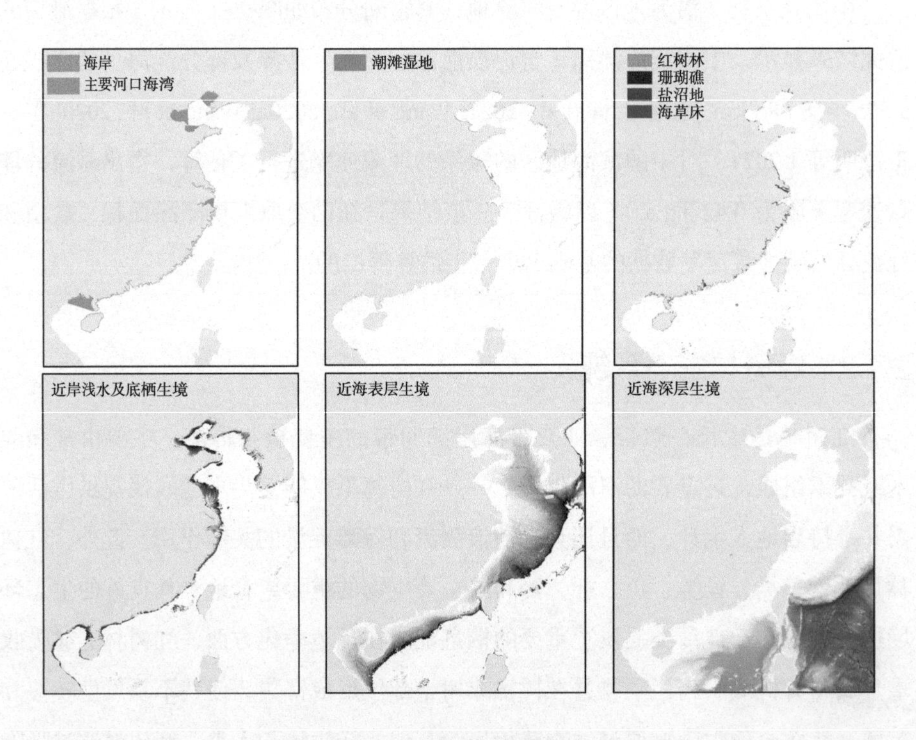

图 2-1　中国近海海洋生态系统

2.1.3　盐沼生态系统

盐沼指受周期性潮汐运动影响的覆盖有草本植物的滨海或岛屿边缘区域的滩涂（自然资源部，2021）。降水丰富，淤泥 – 沙质海岸和温和气候的区域是盐沼广泛发展的最宜环境。世界上大部分的盐沼主要分布在亚热带和温带的河口海岸带，芦苇沼泽、米草沼泽和藨草沼泽是盐沼生态系统的主要植物类型。虽然盐沼不具备红树林的物理结构特征，但对于较小的波浪来说，密集的植被能够对其产生强大的阻力，有效消退波浪，减少滩面因波浪引起的随机冲淤变化，有助于稳定沉积物。另外，盐沼植物对污染物（营养盐、重金属和持久性有机污染物）具有抑制、累积和降解的生态作用。最重要的是，滨海盐沼湿地也有对碳的吸收和储存功能，其沉积物的平均碳埋藏速率约为 168 $g \cdot m^{-2} \cdot a^{-1}$（以碳计）（Wang et al., 2021a）。

中国滨海盐沼湿地广泛分布于江苏沿岸、长江口和渤海海岸等地，此外，位于中国南方热带亚热带的滨海地区也有部分分布，具体空间分布如图 2–1 所示。目前，关于中国盐沼湿地面积尚无统一且明确的数据。根据周晨昊等（2016）的估算结果显示，中国的盐沼湿地面积范围在 1 207 ～ 3 434 km^2；按照联合国环境规划署 – 世界保护监测中心（UNEP-WCMC）公布的全球滨海盐沼湿地的遥感数据显示，中国盐沼湿地的面积为 5 448 km^2（McOwen et al., 2017）；而根据 Mao 等（2020）最新遥感制图研究结果显示，中国的盐沼湿地面积仅为 2 979 km^2。

2.1.4　海草床生态系统

海草广泛分布在世界各地温带、热带的近岸海域或滨海河口区水域中，生长在淤泥质或沙质沉积物上。海草是初级生产力最高的生物群落之一，其初级生产力约为 500 ～ 1 000 $g \cdot m^{-2} \cdot a^{-1}$（以碳计），是珊瑚礁生态系统的 3 倍。因其高生产力和多腐殖质特征，海草能够为许多海洋生物提供繁殖与繁衍栖息地，为幼体生物提供重要的庇护所，同时还是儒艮等许多珍稀生物的索饵场。目前全球的海草床面积约为 30×10^4 km^2，而事实上海草床的面积可能远不止这个数字（UNEP, 2020）。尽管海草床覆盖面积仅占海洋总面积的 0.2%，但其碳封存量却占全球海洋总量的 10% ～ 15%，是极其重要的“蓝碳”生态系统。Fourqurean 等（2012）的研究表明，全球海草床沉积物有机碳的埋藏量范围在 9.8 ～ 19.8 Pg（以碳计），这相当于全球红树林与滨海盐沼植物埋藏量的总和。另外，海草床的生长环境对水质环境要求比较高，海草床的健康状况很大程度上能够表征所在海域的污染状况。除此之外，海草床也兼具缓解海洋酸化和控制岸滩侵蚀的生态功能，具有海岸线保护的作用。然而，自 20 世纪 30 年代以来，海草在全球范围内一直在减少。据最新的普查估计，全球每年约有 7% 的海草床丧失，这个速度相当于每 30 分钟全球就会失去一个如足球场那么大的海草床面积（UNEP，2020）。海草床是最不受保护的沿海生态系统之一，经常要面临来自海岸开发、养分流失和气候变化所带来的累积压力（UNEP，2020）。

中国海草床主要集中分布在辽宁、山东、河北和天津等地所在的黄渤海海域以及福建、广东、广西、海南、香港和台湾等地所在的南海区域，具体空间分布如图 2-1 所示。根据最新调查研究数据显示，中国现有的海草床总面积约为 23 062.44 hm^2。其中，黄渤海海草床分布区面积为 13 658.77 hm^2，主要植物以鳗草分布为主；南海海草床分布区面积为 9 403.67 hm^2，主要植物以喜盐草分布为主（自然资源部南海局南海环境监测中心，2021）。

2.1.5 珊瑚礁生态系统

在全球所有生态系统类型中，珊瑚礁的生物多样性最为丰富，是地球上最复杂和最有价值的生态系统之一，被称为“海洋中的热带雨林”。然而，珊瑚礁却极易受到气候变化带来的海洋变暖的影响，因其脆弱性，长期以来都是备受关注的生态关键区。珊瑚礁的主要功能包括 3 个方面。首先，它具有维持海洋生物多样性的功能。珊瑚礁具有特殊的三维结构特征，无数的洞穴和孔隙能够为许多海洋生物提供栖息地，是众多海洋动物产卵、繁殖和躲避敌害的重要庇护所。其次，它具有防浪护岸和环境调节等作用。珊瑚礁是海岸线的天然屏障，具有防浪护岸和阻挡沉积物的功能，在维护国家海洋国土权益上至关重要。珊瑚礁也是物质循环和能量流动的关键一环，能够提升海洋环境的自我调节能力。最后，珊瑚礁富含各类资源，具有极重要的经济价值。据《世界珊瑚礁现状报告（2020 年）》公布的数据显示，仅占全球海洋面积 0.2% 的珊瑚礁却为数亿人的粮食及经济安全提供重要保障，对海岸保护发挥着重要的防护作用。每年珊瑚礁可提供价值 2.7

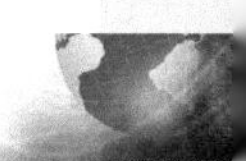

万亿美元的商品和服务。据联合国环境规划署、威尔士亲王国际可持续发展部、国际珊瑚礁倡议组织和 Trucost 发布的《2018 年珊瑚礁经济报告》称，依赖珊瑚礁的旅游业、沿海开发和商业渔业每年在中美洲创造 62 亿美元的价值，在珊瑚礁三角区创造 139 亿美元的价值。在未来，珊瑚礁逐渐可能会成为治疗包括癌症在内的各种疾病的新药品、营养补充剂和其他商业产品的重要源地。事实上，在海洋中，尤其是在珊瑚礁物种中，发现新药的可能性比从陆地生态系统中分离出药物的可能性高 300 ~ 400 倍。

中国近海分布的珊瑚礁属于印度 – 太平洋区系，位于世界海洋生物多样性最高的“珊瑚礁三角区”的北缘，分布广，纬度跨度大，主要分布于广东、广西、福建、台湾、海南沿岸以及南海诸岛（图 2–1），尤以海岛（礁）周边为主。

在本研究中，依据江曲图等（2021）研究中列出的近海海洋生态系统类型、空间范围划定和数据获取来源（表 2–1），考虑数据的质量、更新和可获取情况，我们采用与江曲图等（2021）同样的 9 种近海海洋生态系统类型作为研究对象，其生态系统类型分别为：海岸、潮滩湿地、红树林、珊瑚礁、盐沼地、海草床、近岸浅水及底栖生境、近海表层生境和近海深层生境。然而，本研究与江曲图等（2021）不同的地方在于，对部分空间分布数据进行了更新，如红树林空间分布数据。在本研究中，采用了 10 m 空间分辨率的产品数据，其精度更高，评估结果更为准确。9 种近海海洋生态系统类型空间分布如图 2–1 所示。此外，其他比较重要的一些近海海洋生态系统，如海藻场、牡蛎礁等，由于空间数据的缺失，故在本研究中不对其进行分析研究。

表 2–1　近海海洋生态系统类型及数据来源

生态系统类型	描述	数据来源
海岸	根据陆地边界向海一侧延伸 1 km 的区域	江曲图等，2021; Flanders Marine Institute，2022
潮滩湿地	根据全球潮滩分布数据提取研究区范围潮滩湿地分布区	Murray et al., 2019
红树林	根据全球红树林分布数据提取研究区范围红树林分布区	Xiao et al., 2021

续表

生态系统类型	描述	数据来源
珊瑚礁	根据全球珊瑚礁分布数据提取研究区范围珊瑚礁分布区	UNEP-WCMC，2021
盐沼地	根据全球盐沼地分布数据提取研究区范围盐沼地分布区	Mcowen et al., 2017
海草床	根据全球盐沼地分布数据提取研究区范围海草床分布区	UNEP-WCMC and Short，2021
近岸浅水及底栖生境	水深小于 20 m 的区域，以浅水和底栖环境为主	江曲图等，2021; GEBCO，2021
近海表层生境	水深大于 20 m 的表层水环境	江曲图等，2021; GEBCO，2021
近海深层生境	水深小于 200 m 的深层水环境	江曲图等，2021; GEBCO，2021

2.2 人类活动对中国近海海洋生态系统的影响概述

2.2.1 陆源污染对海洋生态系统的影响

陆源污染物质来源广泛，污染种类最广且数量最大。其主要来源包括农业生产过程中施用的农药和化肥、城市生活污水、工业废弃物、石油和化学品泄漏等。污染物可能具有毒性、扩散性、积累性、活性、持久性和生物可降解性等特征，多种污染物之间可能还有存在拮抗或协同的作用。陆源污染汇入海洋的主要方式有地表径流、直接排放和大气沉降等。陆源污染对海洋生态环境产生的主要影响包括：促进有害藻类的快速生长、繁殖，发生有害藻华现象，进而导致海水缺氧并造成大量浮游动物的死亡、病原体突现和入侵物种的爆炸性增长，最终改变食物网结构和生物多样性；过量营养盐污染物的输入会增强海洋中微生物的活性，在富营养化的海洋环境中，这些微生物将会消耗更多的氧气和降解更多的有机物，包括来自陆地的有机碳，最后通过呼吸变为二氧化碳后被释放回大气；受到氮肥或者磷肥等物质污染的水体的 pH 值一般低于正常海水，其输入还会有可能进一步加剧海洋酸化水平，降低海水对二氧化碳的溶解度，并减少海水及沉积物中碳

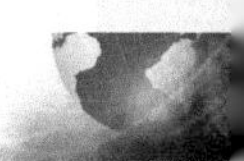

酸盐的储量，从而增加二氧化碳的排放。

在中国，东北、华北、长江中下游、珠江三角洲等平原地区分布着大面积的耕地。这些地区主要是由河流携带的沉积物经分散和沉积发育形成，且大部分地区的土壤富含钙、磷，土层深厚且疏松，利于农作物根系伸展，适合农作物生长。以黄河三角洲为例，位于内陆区域的土地农耕历史久远，土壤肥力较强，是中国传统的农业生产区。而位于海岸附近的区域，地下水位相对较高，土壤盐渍化现象严重，同时土壤肥力也相对较差。在这些地区中，农业生产类型通常以水田为主，为保障粮食产量，淹水和排水等脱盐措施经常被用于改良水田土壤盐渍化。然而通过这种方式往往会导致土壤中大量的有机质和养分溶解和流失，并增加了河流向近海海域营养物质的输送。此外，农民为提高粮食产量收成，农业种植过程中存在滥用化肥和农药的现象。由于农业施肥量普遍高于农作物的实际需要，导致大量的氮、磷等营养物污染物进入到土壤中，然后以地表径流的方式汇入海洋，进一步加剧沿岸海域的营养盐污染程度。

2.2.2　海洋活动对海洋生态系统的影响

2.2.2.1　海洋工程

中国近海部分海洋工程活动空间分布如图 2-2 所示。由图 2-2 可以看出，近岸发电厂分布较为密集的区域主要集中分布在江苏和浙江沿岸地区；沿岸港口分布较为密集的区域主要集中分布在长三角和珠三角沿岸地区；海上风电机组较为密集的区域主要分布在江苏近海海域；而海底电缆分布较为密集的海域主要是在长江口和珠江口。其对近岸海域生态环境造成的不利影响主要包括以下几方面。

（1）对水质环境的影响

海洋工程在施工阶段往往需要借助许多的机器来完成工作任务，然而这些机器在运行时会产生许多热量。当机器产生的热量传递到周围海域时，则会引起海域水温的上升。海水温度升高后，海水中的微生物、鱼、虾、贝类以及水藻等的生存环境就会发生改变，而往往这些生物的生存对于海水温度环境的要求比较苛刻，水体温度的升高很容易造成周围海洋生物的死亡，甚至还会引起某些生物种类的灭绝。对于一些大型海洋工程项目，如海底隧道工程、海底管道和海底电

（光）缆工程，在施工过程中必然会引起海底泥沙悬浮，海底一些沉积物也会被翻搅起来，水体浑浊度上升，严重影响海洋植物的光合作用和海洋生物的呼吸及繁育。此外，海洋工程还会向周围海域排放生产污水、机舱污水、钻井泥浆及生活污水等。这些废水污染物含量大，色度高，其中还含有大量的浮化油和分散油，如若未经处理直接排入海洋环境中，将会严重破坏海洋生态并给人类造成巨大的经济损失。

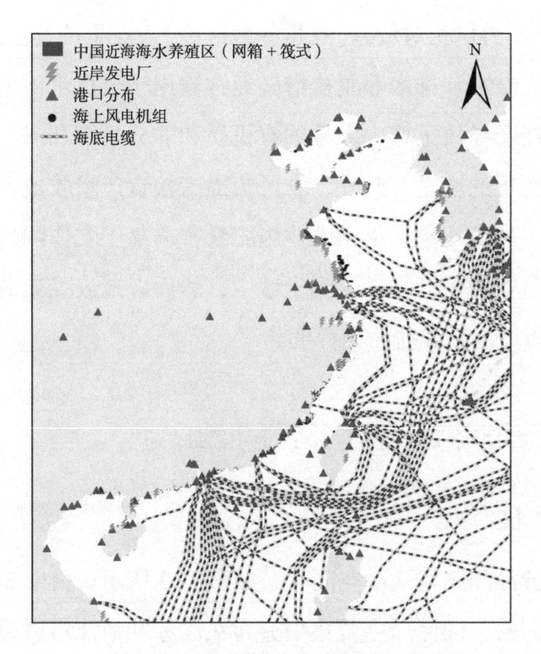

图 2-2　中国近海海洋活动空间分布

数据来源：近海海水养殖（Liu et al., 2020）；近岸发电厂（Global Power Plant Database v1.3.0, 2018）；沿岸港口（World Port Index）；海上风电机组（Global Offshore Wind Turbine Dataset）（Zhang et al., 2021b）；海底电缆（INFRAPEDIA, 2021）

（2）对近海渔业资源的影响

海岸工程的建设施工会造成近岸陆域上植被覆盖度的降低。在裸露的地表环境下，陆地累积的大量营养盐污染物在短时间内会随着降雨快速汇集到近岸海域中，进而促使浮游植物生物量的增多，过量消耗水体中的氧气，甚至会产生有害气体和一些生物毒素，最终造成鱼类的大量死亡，近海海洋生态系统的平衡遭受

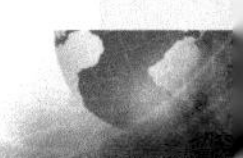

破坏。此外，海岸工程建设过程中还可能向海洋中排放一些重金属污染物，当重金属污染物在生物体内积蓄后，会引发疾病甚至引起物种濒危或灭绝，再或者通过食物链进入人体，危害人类身体健康。在缺乏监管的情况下，一些工程施工过程中产生的废水在未达到排放标准情形下，直接向海洋排放，对海洋生物的生存环境造成严重破坏，导致近岸河口地区鱼类产卵场生态环境严重退化，甚至逐步消失。在沿岸港口区域，来自陆地上的汽车尾气、港口机械尾气以及港口船舶尾气中均含有大量有害气体，当雨、雪在形成和降落过程中，吸收并溶解了空气中的二氧化硫、氮氧化合物等物质并逐渐形成酸雨，然后进入海洋环境中，将对海洋环境造成很大的负面影响。众所周知，酸雨会引起海水 pH 值发生变化，然而海水 pH 值的过低可能会影响海洋生物的生理机能以及新陈代谢，导致生物摄食量出现明显下降，消化能力也会明显降低，生长发育速度缓慢，严重的还会造成海洋生物的死亡。

（3）海洋水文动力环境发生改变

海岸工程的建设会导致沿岸海湾纳潮量的减小。海湾纳潮量的减少意味着海湾中水体的自净能力下降，海湾内部水体与外海和深海水体的交换强度将会变弱，湾内水体因无法得到及时更换而造成水质环境恶化，加之受陆源不断排污的影响，海湾中水体的富营养化程度将会进一步加剧，海湾水体气候调节的服务功能也会受到损害，原有生态系统的平衡被打破，海洋生物多样性迅速减少。此外，纳潮量的变化还对湾内的泥沙运动和地貌变化具有重要影响，在纳潮量和库容量减少的情形下，湾内水体流速明显降低，潮流冲刷力明显减弱，在长期作用下进而导致湾内泥沙不断沉淤，海湾面积不断萎缩，天然的港口航道逐渐被自然掩埋。

2.2.2.2　近岸海水养殖活动

中国近海海水养殖活动空间分布如图 2-2 所示。由图 2-2 可以看出，中国近海海水养殖区主要分布在距离岸线 40 km 的河口、内湾及岛屿附近的海域范围内。近岸海水养殖对周围海域生态环境造成的主要不利影响包括以下几点。

（1）有机质和营养盐污染

随着近海海洋渔业资源的不断衰退，人们开始逐渐将目光转向发展近岸海水养殖业。中国水产养殖业受到的政策支持、水产养殖技术的不断发展以及水产市

场需求的增强，使中国近岸海水养殖业规模出现了迅速扩张，但近岸海洋环境的污染问题也随之日益突出。海洋环境中来自水产养殖的污染物主要包括残饵、粪便和水产药物。而在海水养殖过程中不乏存在滥用药物、人工饵料和有机肥的现象，但事实上有相当一部分的饵料未能有效利用。当这些含有丰富营养物质的残饵（含有氮、磷、钙等营养元素）和粪便等有机质的养殖废水进入海洋或在养殖区沉积物中大量沉降时，海水养殖周围的海域悬浮颗粒物的沉降通量将明显增加。此外，在微生物的降解作用下还会持续释放出大量有机物和营养盐，从而为浮游植物的生长提供了良好营养环境，促进了它们快速生长和繁殖，并引发严重的海水富营养化，导致近岸海域水质进一步恶化。

（2）重金属污染

在海水养殖的海域环境中经常存在重金属污染超标的严重现象。而造成这一现象的主要原因是农户在养殖过程中对饲料、有机肥的使用以及药剂的滥用。此外，当前中国只对海水养殖饲料中的无机砷、铅、汞、镉及铬的含量进行了限量使用管制，但对动物机体所必需的微量元素，如铜、锌等，并没有限量管制要求。重金属污染物的输入对海洋生物健康、生长和发育具有毒害作用和影响，严重的甚至引起海洋生物死亡。由于重金属污染物中污染降解，海洋生物在摄取过量的重金属后，随食物链进行传递放大，经生物体内层层富集，最终进入到人类身体中，对健康造成严重损害。此外，进入海洋的重金属元素还会在生物地球化学的作用下与其他污染物质产生络合配体效应，并结合形成毒性更强的污染物质，这将对人类的食品安全构成重大威胁。

（3）化学品或化学物质的污染

在海水养殖过程中，农户为保障水产品的成活率和品质，经常使用人工饵料的添加剂和兽医药品等用来防病治病，并常用胡萝卜素、角黄素和虾青素等化学物质来改善水产品肉体的颜色。而农户所使用的这些化学品或化学物质均可通过直接排放进入海洋，也可同饲料和粪便等随养殖废水间接入海，对近海海域环境造成直接影响。目前，中国关于这些化学物质在海水养殖中的限量标准并没有明确提出，其用量通常由农户根据养殖需求所决定。在这种情形下，海水养殖中的化学品或化学物质滥用现象变得越来越严重。农户所用的抗生素虽然能够提高生

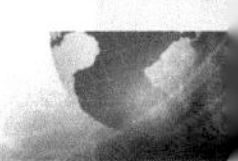

物对病原体的抗性，但养殖海域沉积物中细菌种群的耐药性也会随之增加。如若照此长期使用，就会出现药效降低或用药无效的现象。此外，抗生素在控制或杀死病原微生物的同时，也会抑制有益微生物的繁殖，打破水生生物体内外的微生态平衡，并引起海水养殖生物其他疾病的出现。

2.2.2.3　渔业过度捕捞

根据 Food and Agriculture Organization of the United Nations（FAO）公布的 2018 年世界各国野生渔业捕捞产量和受威胁的鱼类种数数据显示，中国的野生渔业捕捞量相较于世界其他各个国家的数量较大，反映出中国近海海洋渔业资源的压力相对较大。从受威胁鱼类种数可以看出，中国受威胁鱼类种数也相对较多，渔业资源生物多样性受威胁较大。结合中国野生渔业捕捞情况，从侧面能够反映出过度捕捞加剧渔业资源数量和种类的衰退，导致其受威胁鱼类种数的增加。渔业过度捕捞活动对近海海洋生态环境造成的不利影响主要包括以下几方面。

（1）物种品质的退化

当前，近海海洋的过度捕捞正在形成一个恶性循环，即渔民在捕捞过程中首先会倾向于对那些营养价值高、个体大的鱼类进行优先捕捞，当达到过度捕捞的程度后，渔民们又会将捕捞目标转向一些营养价值较低、体积相对较小的鱼类种群。同样的，在过度捕捞压力下，营养价值低的鱼类资源量达到临界值时，渔民们又会转而去捕捞那些营养价值更低的鱼类种群。在这样循环往复的捕捞压力环境下，海洋生态系统中几乎所有物种都会被“清扫”一遍，从而造成鱼类种群的个体变小（物种品质退化）。一般来讲，体型较大的生物体的怀卵量比较多，卵径相对较大，生殖能力相对较高。在这种情况下，产出的卵子则会拥有更强大的能量物质和生长因子。然而，在恶性循环的过度捕捞方式下，那些个体大、营养价值高的鱼类种群被一次又一次地捕捞殆尽。而对于海洋中存余的鱼类群体，往往是一些小型、性成熟早和生长发育缓慢的鱼类种群。在这种因果关系下往往造成海洋中的鱼类群体在进化过程中生殖能力降低、鱼类性成熟的年龄变早以及种群的年龄结构不平衡等现象。

（2）海洋生物多样性丧失

根据“中国近海海洋综合调查与评价”专项（即 908 专项）调查结果显示，

中国近海已知的海洋生物数量达 2.6 万余种，约占全球海洋已知物种数的 10% 以上。中国海洋生物在世界上占据重要地位。然而，随着社会经济的快速发展和人类活动干扰的不断加强，中国近海海洋生物多样性的保护和维持面临空前的压力，其主要变化特征表现为海洋生物群落结构趋向简单，生物多样性和均一性指数均处于较低水平。当某个种群的数量下降到一定的临界值时，该种群中的雌性与雄性生物个体相遇的概率就会大大被降低，由此会造成生物体间的交配率和受精率下降，物种灭绝速度加快。

（3）粮食供给和经济安全性下降

随着全球人口数量的激增，世界各地对于鱼类资源的需求也在持续性增加，这意味着的许多企业和工作岗位越来越依赖于日益减少的渔业资源。渔产品是目前全球交易量最庞大的食品商品之一，世界上约有一半以上的人口依赖鱼类作为蛋白质的主要来源。渔业支持了价值达 3 620 亿美元的产业，包括捕捞业、养殖业、海鲜产品加工、销售等相关产业，是全球约 8.2 亿人的收入来源。换句话说，地球上大约每 10 个人中，就有 1 个人是依赖渔业来维持生计。此外，渔业支持着全球的生计、粮食安全和人类健康，其可持续发展对整个人类具有重大意义。当鱼类消失时，沿海经济也会随之消失。

2.2.3 气候变化对海洋生态系统的影响

2.2.3.1 海表温度上升

全球气候变暖导致海水温度持续升高。据《中国气候变化海洋蓝皮书（2021）》数据显示，1870—2020 年，全球平均海表温度总体呈显著上升趋势，过去 10 年（2011—2020 年）的平均海表温度要比 1870 年以来的任何一个 10 年都高，2020 年全球平均海表温度较 1870—1900 年平均值高 0.67℃。在全球气候变暖的背景下，海洋热浪在全球大部分海域变得更加频繁、持久和强烈，海洋以及沿海地区的生态系统也因此发生了重大变化，对近海海洋生态系统的维持和健康发展构成了严重威胁。①海洋温度的持续上升有利于热适应能力较强物种的生物入侵，加大区域海洋外来物种入侵的风险。②随着海水温度的升高，海洋中的一些细菌和寄生虫的生长率迅速增加，传染期将被延长，从而导致海洋中病原虫传播能力的

增强。③海水温度的上升还会增加海洋物种疾病的传播，造成大量海洋生物死亡。对于海洋植物而言，尤其是作为形成食物链基层食物的初级生产者的浮游植物，在比较温暖的水体中，其数量会逐渐减少，提供给食物链上其他各种动物所需的养分也会随之减少。④温度是许多海洋动植物生命周期的重要触发因素，使摄食、生长和繁殖的步调能经常保持一致。当这些进程的步调不一致时，在食物来源消失之前，这些生物就可能首当其冲。海洋表面温度上升所导致的珊瑚白化现象是珊瑚礁所面临的其中最大威胁之一。当海洋温度长时间上升，造成珊瑚与虫黄藻之间的共生关系瓦解，便会产生珊瑚白化现象。珊瑚随后排出虫黄藻，失去颜色（白化）并会濒临死亡。有些珊瑚能够复原，但免疫系统受到损伤，而在多数情况下，最终死亡。

2.2.3.2　海平面上升

中国的海岸类型主要有基岩海岸、珊瑚礁海岸、砂质海岸、淤泥质海岸。然而几乎所有海岸的类型都有可能遭到侵蚀的威胁，其中砂质型海岸受侵蚀影响最为严重，淤泥质海岸次之。海平面上升会引发近岸海域波浪和潮流动力对岸线侵蚀作用的增强，在“波浪掀沙，潮流输沙”的近岸泥沙运动机制下海岸侵蚀更加严重。海平面上升导致沿海地区地下水位上升，相继引发土壤盐碱化。土壤中聚集的盐度、碱度超过正常耕地耕种水平，从而阻碍了农田作物的正常生长。此外，海平面上升还会胁迫滨海湿地向陆地一侧迁移，并在距离岸线不远处的低洼区域形成新的湿地，此时近岸陆地生态景观被完全演替为湿地生态景观，而原有栖息地面积的减少或丧失将严重威胁到湿地特有物种和珍稀物种的生存，加快其灭绝速度。近年来，受全球气候变化的影响，海平面上升不断加剧了中国辽东湾、莱州湾及其他低洼区域滨海湿地面积的丧失。根据全球范围的预测，至 21 世纪末，现代滨海湿地区域的 20% ~ 90%（分别对应预测的小幅度和大幅度海平面上升情景）将会消失，进而导致生物多样性和具有极高价值的生态系统服务功能丧失。

海平面上升引起的生态环境压力源内部 / 之间的相互关系及河口潮间带大型底栖生物的生物量在河口系统尺度上的时空响应如图 2–3 所示（Fujii，2012）。由图 2–3 可以看出，气候变化会导致年际气候条件的变化，包括环境温度、降雨

模式和极端天气等气候事件的频次。而由此所引发的海平面上升会造成“海岸挤压”现象的发生、上游盐度梯度的变化以及沉积物侵蚀和沉积模式的变化。随后，在这些变化下会产生各种其他应激源，并直接或间接地影响河口生态系统中大型底栖动物生物量的时空变化。在整个河口系统尺度上，大型底栖动物的生物总量在时空上的变化主要受环境温度、营养供应水平和初级生产力等因素的影响（浅绿色背景的压力源）。极端天气气候事件频次增加造成的“海岸挤压”和栖息地丧失可能会与其他各种压力源共同影响河口生态系统内潮间带大型底栖动物生物量的时空变化（灰色背景的压力源）。海平面上升的影响也将通过盐度梯度的上游移动以及沉积物侵蚀和沉积模式的变化表现出来，这会导致颗粒大小分布和海滩形态动力学状态的变化，从而导致河口区潮间带大型底栖生物量的空间变化（橙色背景的压力源）。

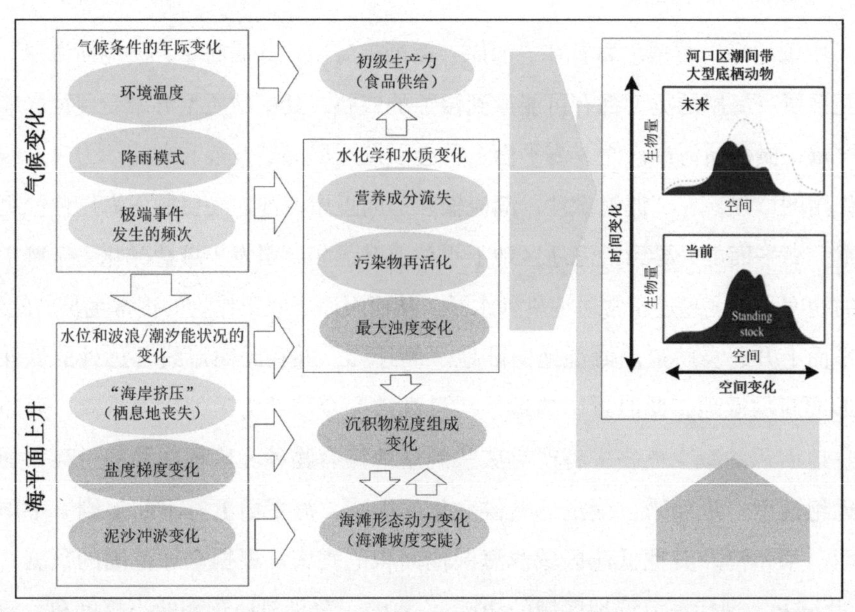

图 2-3　海平面上升引起的环境压力源内部 / 之间的相互关系及河口潮间带大型底栖生物的生物量在河口系统尺度上的时空响应（Fujii，2012）

2.2.3.3　海洋酸化

海洋吸收大量矿物燃料衍生的二氧化碳（超过 100×10^4 t/h），虽然缓解了全球变暖，但却导致海水的 pH 值下降，造成海洋酸化现象（Caldeira and Wickett,

2003）。海洋酸化对不同的海洋植物和动物会产生不同的影响。例如，许多依靠二氧化碳制造能源的海草和海藻可能会从较高的海洋二氧化碳水平中受益。然而，其他海洋生物却很难在较强酸性的海洋环境中生存，特别是那些有着脆弱外壳和骨骼的海洋生物，如牡蛎、蛤、海胆、珊瑚和钙质浮游生物等。当海水变得更具腐蚀性时，会对这些生物体形成钙质骨骼和外壳的能力造成损伤，进而影响整个海洋生态系统的结构和功能。全球珊瑚礁监测网（GCRMN）发布的一份报告称，在 2009—2018 年期间，世界上的珊瑚礁逐渐丧失了约 14%，其主要是由反复发生大规模的白化事件所造成的。在联合国环境规划署 2020 年发布的《预测未来珊瑚漂白状况》中称，受气候变化影响，全球白化事件可能在未来几十年成为常态。该报告表示，除非迅速减少碳排放，否则到二十一世纪末，世界上所有的珊瑚礁都将白化。预计到 2034 年，平均每年都会发生严重的珊瑚礁白化事件。最后，二氧化碳浓度的增加还影响藻类生物的光合作用能力。随着二氧化碳浓度增加，藻类生物的光合作用能力就会随之下降，而以藻类为食的非钙化鱼类也会受到一定的影响，从而形成恶性循环。海洋酸化对生态系统及其服务功能的过程影响如图 2–4 所示（Hennige et al., 2014）。

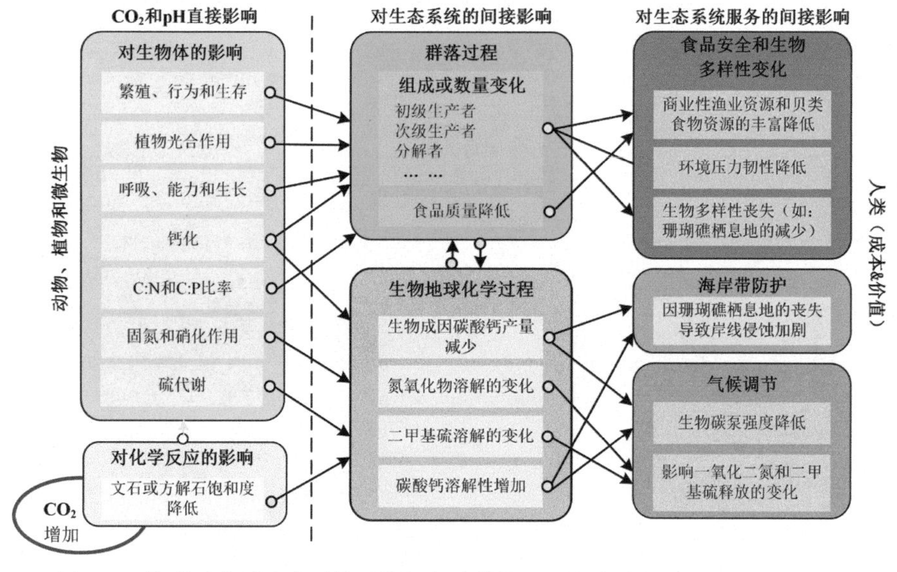

图 2–4　海洋酸化对生态系统及其服务功能的过程影响（Hennige et al., 2014）

2.3 本章小结

随着社会经济的不断发展，频繁的人类活动对近海海洋生态系统造成了多重负面影响，而作为陆地与海洋过渡带的滨海湿地生态系统更是首当其冲，其面临的生境丧失、生物资源衰减、环境污染加剧、海水富营养化、海洋水动力条件紊乱和生物多样性锐减等生态环境问题日益严峻。本章结合《中国海洋生态环境公报》《中国海平面公报》《中国气候变化蓝皮书》《中国海洋灾害公报》以及其他文献等相关资料，重点分析了人类活动及自然环境压力下中国近海海洋生态系统承受的压力因素、影响现状以及各要素之间的相互影响（图 2-5）。通过上述的综合分析首先对中国近海海洋生态系统的作用和空间分布状况有了初步了解，其次对影响近海海洋生态系统的陆源污染物的排放、海洋活动和气候变化所造成的赤潮污染的发生、外来物种入侵、过度捕捞以及海平面上升、海表温度异常等压力效应和海洋生态系统响应进行了详细的阐述。人类活动和气候变化引起中国近岸海水质量恶化，导致海洋生物种类丰富度减少、生物密度降低，生物多样性减少，渔业生物资源量大幅衰减，进而造成近岸海洋生态系统的活力降低。总的来说，人类活动对海洋生态环境的破坏，首先受到危害的是近海海洋生态系统，而最终受损的还是人类自身的利益。

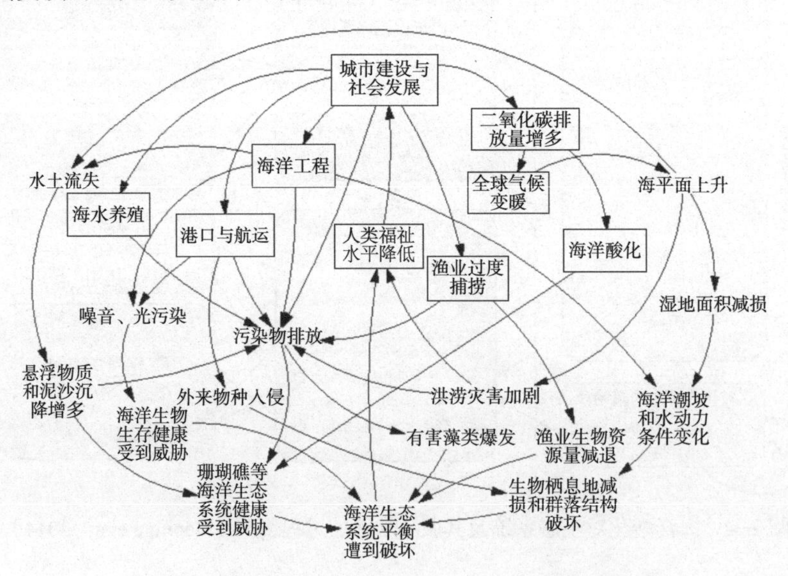

图 2-5　海岸社会经济与近海海洋生态系统互馈过程

第3章 陆源污染驱动下的中国近海海洋生态系统压力影响评价

3

在众多海洋环境污染物来源中，80% 以上的污染物都来自陆地，包括农业、城市和人口。中国是一个农业大国，随着农业现代化进程的不断加速，大面积过量的化肥和农药的施用以及畜禽养殖粪便的无序排放造成各地区农业非点源污染程度的加剧。农业生产中使用的有机物和化肥中大量未能被作物吸收利用的氮和磷等营养盐输入河流、湖泊、海湾等缓流水域，是导致藻类和其他浮游生物迅速繁殖的主要因素之一。其他还包括沿岸城市建设产生的重金属污染、工厂污水排泄以及沿岸居民生活垃圾等。本章分别对营养盐污染、有机化学污染、无机化学污染、浮游植物生物量、泥沙输入和直接人类影响 6 个陆源污染压力因子进行时空可视化动态分析，从时间和空间上客观反映陆源污染对中国近海海洋生态系统的压力变化。

3.1 营养盐污染

近几十年来，随着沿海地区社会经济迅猛提升、人口容量和规模迅速扩大、农业用地面积扩增以及化肥使用、废水排放和养殖粪便不断增多，过量的氮、磷、硅等主要陆源营养盐输入近岸海域，造成海洋水体富营养化，并引发生物多样性锐减、有害藻华发生和水体缺氧等现象，将严重影响近岸海域生态系统的结构与功能（Wang et al., 2021b）。近岸海域营养盐的源、汇过程丰富多样，输入途径比较复杂。海洋陆源污染源输入主要包括陆源径流输入、地下水排放、大气沉降输入、近岸海水养殖排放与沉积物释放等。其中，化肥使用、大气沉降和固氮作用是营养盐的最主要输入源（Vitousek et al., 1997; Galloway et al., 2004）。对于

化肥面源污染源而言，相关研究表明，在 100 单位的化学氮肥生产量中，仅有 47% 的氮量被农作物所吸收，有 53% 的化学氮肥未被作物吸收利用（Galloway et al., 2002; 晏维金，2006）。中国作为世界上化肥施用量最大的国家，化肥施用强度大，但化肥利用率低。据相关研究结果表明，中国农用化肥施用折纯量近 30 年来增长了 3.4 倍，氮、磷肥施用强度是发达国家的 3 ~ 5 倍，化肥施用的利用效率却不及发达国家的 50%（张晓楠等，2019）。因此，化肥的产量和低效率利用，是影响中国河流向近海海域输出营养盐的一个重要因素。在本节中，采用中国大陆沿海地区化肥施用量作为代理变量用于近岸海域营养盐污染输入的空间分布模拟。

3.1.1 材料与方法

3.1.1.1 数据来源

本小节中所用到的基础数据包括：数字高程模型数据（DEM），数据空间分辨率为 90 m × 90 m，数据格式为栅格型，数据来源为中国科学院资源环境科学与数据中心（http://www.resdc.cn）；土地覆盖类型（2010/2015/2020 年），数据空间分辨率为 300 m × 300 m，数据格式为栅格型，数据来源为欧洲航天局（European Space Agency）（https://www.esa-landcover-cci.org/）；水深地形数据，数据空间分辨率为 15 弧秒，数据格式为栅格型，数据来源为全球海陆地形数据库（GEBCO）（https://www.gebco.net/data_and_products/gridded_bathymetry_data/）；离岸距离，数据格式为栅格型，数据空间分辨率为 1 km × 1 km，数据来源为全球渔业观察（Global Fishing Watch）（https://globalfishingwatch.org/data-download/datasets/public-distance-from-shore-v1）；化肥施用量统计数据，数据来源为中国统计年鉴（2007—2020 年）（https://data.stats.gov.cn/easyquery.htm?cn=C01）。由于 2020 年化肥施用量数据缺失，因此，2020 年节点的数据采用 2016—2019 年这 4 年的平均数，其他节点数据均为 5 年平均数。

3.1.1.2 数据处理

在获取基础数据后，参照 Halpern 等（2008）的做法模拟营养盐污染物对

近海海洋生态系统的压力。具体操作方法主要分为以下 5 个步骤（Halpern et al., 2008; Furlan et al., 2019; Ban et al., 2010; Halpern et al., 2019; Halpern et al., 2015）。

第 1 步，使用已经提取的中国沿海地区 DEM 数据制作流域边界。在此过程中，借助 ArcSWAT 工具，运用 Watershed Delineator-Automatic Watershed Delineation 模块实现流域边界的自动划分，然后通过消除或者合并的方法处理一些面积较小的流域，并确保所有倾点都被捕捉到海岸线，从而创建用于羽流扩散模型的流域倾泻点。

第 2 步，通过《中国统计年鉴》搜集各个沿海地区化肥施用量数据。本节中，分别使用 2006—2010 年、2011—2015 年和 2016—2020 年时间段的化肥施用量平均值作为 2010 年、2015 年和 2020 年的结果值。然后使用土地利用类型数据中的耕地作为辅助类别数据，采用分区密度制图（Dasymetric Mapping）技术方法制作中国沿海地区化肥施用强度数据。基于 GIS 技术的分区密度制图是一种专题地图制作方法，通过加入一些辅助地理信息对颜色专题地图（Choropleth Map）进行进一步细化（Sleeter and Gould，2007）。使用分区密度制图方法最常见的例子是对人口分布数据的空间可视化。通常人口的分布与一些辅助空间数据密切相关，如土地利用 / 覆盖类型、地形地貌、城市交通等。在分区密度制图的过程中可以将这些辅助数据运用到人口分布的区域插值（Areal Interpolation）中进行人口分布估算。国外众多学者开展了土地利用 / 覆盖类型、建筑物、住宅单元等尺度级别的人口估算研究。同时在辅助数据的选取方面进行了拓展，如加入应用较为普遍的夜间灯光数据、建筑物信息以及百度地图的兴趣点（POI）等，提高了人口空间分布估算的精度（淳锦等，2018）。人口空间分布的估算需要通过区域插值的方法实现。其区域插值的详细计算方法如下。

$\hat{D}_c$计算公式如下：

$$\hat{y}_t = y_s\left(\frac{A_{s\cap z}\hat{D}_c}{\sum_{t\in s}(A_{s\cap z}\hat{D}_c)}\right) \tag{3-1}$$

$$\hat{D}_c=\sum_{s=1}^{m} y_s \Big/ \sum_{s=1}^{m} A_s \tag{3-2}$$

式（3−1）和式（3−2）中，$\hat{y}_t$为目标区域的估计量；y_s 为源区域量（本节中表示区域化肥施用量）；$A_{s\cap z}$ 表示目标区域与源区域相交后的面积（本节中表示斑块耕地面积）；A_s 为源区域的面积（本节中表示区域总面积）；$\hat{D}_c$是辅助类数据 c 的密度（本节中表示土地利用类型耕地的化肥施用量强度）。s 为源区域，z 表示为土地利用类型数据中的 c 类别，t 表示为目标区域，即源区域矢量数据和辅助数据类别的叠加区域。

第 3 步，基于第 2 步所得的中国沿海地区化肥施用空间分布栅格数据，运用 ArcGIS10.2 工具中的栅格统计工具，以流域边界为统计范围，加总每个流域中的化肥施用量，然后将各个流域的加总值通过空间数据链接分配到每个汇入近岸海域的出水点上。

第 4 步，运用最小成本路径羽流扩散模型，将每个流域出水点的污染物量扩散到近岸海域中，以模拟区域近岸海域营养盐污染压力。具体操作为：首先使用 ArcGIS10.2 工具中的距离模块，创建一个成本路径曲面数据，它能够量化从每个倾点通过每个单元平面移动的最小累计成本距离（阻抗值）。在成本路径曲面数据制作中，主要考虑了影响污染物扩散的 3 个成本因素，具体包括海水深度（m）、到出水口的距离（km）和波浪能（$kW\cdot m^{-1}$）（Delevaux et al., 2018a; Delevaux et al., 2018b）（因中国近岸波浪能空间数据的缺失，所以在本研究不做考虑）。然后，使用衰减函数模拟将营养盐污染物从每个倾点扩散到近岸海域。距离衰减函数模型表达如下：

$$S_i = S_p \times (1 - C_{cost} / D_c) \tag{3-3}$$

式（3-3）中，S_i 为流域污染物栅格值，S_p 每个出水点的污染物量，C_{cost} 为考虑成本因素后所得的成本路径曲面，D_c 为最大衰减距离，在本研究中阈值设定为 10 km（Halpern et al., 2008）。

第 5 步，数据标准化。为避免极端值的影响和对中值部分的低估，更好地进行比较以及计算，以数据分布的 99 分位数作为上限值进行 0 ~ 1 标准化。

本节中相关数据的处理和作图均通过 ArcGIS10.2 工具和 R4.1.1 软件实现，其中需要加载的 R 包有：tidyverse、sf、raster、terra、rasterVis 等。

3.1.2 结果与分析

图 3-1 表示 2010 年、2015 年和 2020 年中国大陆沿海地区化肥施用强度空

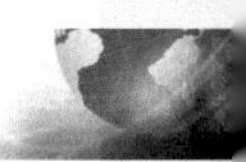

间分布。由图 3-1 可以看出，中国大陆沿海地区化肥施用强度较高的地区主要集中在辽宁、山东、河北和江苏。这些地区耕地面积较大，农业现代化水平较高。相应地，这些地区的沿岸海域所面临的营养盐污染风险比其他地区大。而在长江以南地区，化肥施用强度较大的地区主要分布在广西和广东部分区域。从时间尺度上看（图 3-2），2006—2019 年间，中国大陆沿海大部分区域化肥施用量呈明显下降趋势，而辽宁、河北、福建、广西和海南从近几年才逐渐下降，且下降幅度相对较低。化肥施用量的减少与国家政策管控制度密切相关。农业部早在 2015 年 2 月制定发布《到 2020 年化肥使用量零增长行动方案》，中国各地区充分落实行动方案，推进科学施肥技术到村、到户、到田，大力实施有机肥替代化肥施用的方案，推广机械代替劳动力施肥方式，有效提高了施肥水平和效率。此外，加强关于新肥料新技术的宣传，提高农户对科学施肥的认知。通过多方面努力，促使全国各地对零增长性方案的高效落实。从中国大陆沿海地区化肥施用量情况可以看出，各地区的制定落实已经基本实现方案预定目标，整体达到了农业环境污染控制的预期效果。从中国近岸海域营养盐污染空间分布可以看出（图 3-3），整体上长江近岸以北的污染强度大于以南海域，营养盐污染物影响压力较大的区域主要集中在莱州湾、渤海湾、江苏外海以北、长江口以及珠三角附近海域。可以看出，在本节中对营养盐污染影响的空间分布模拟结果与《中国海洋生态环境状况报告》所显示的中国近海常年重度富营养化的海域空间分布基本一致。

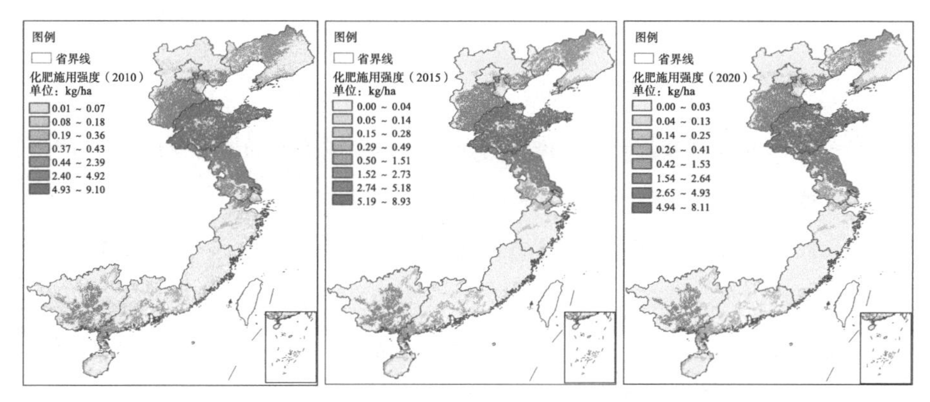

图 3-1　2010 年、2015 年和 2020 年中国大陆沿海地区区域化肥施用强度空间分布

注：香港、澳门特别行政区及台湾省资料暂缺

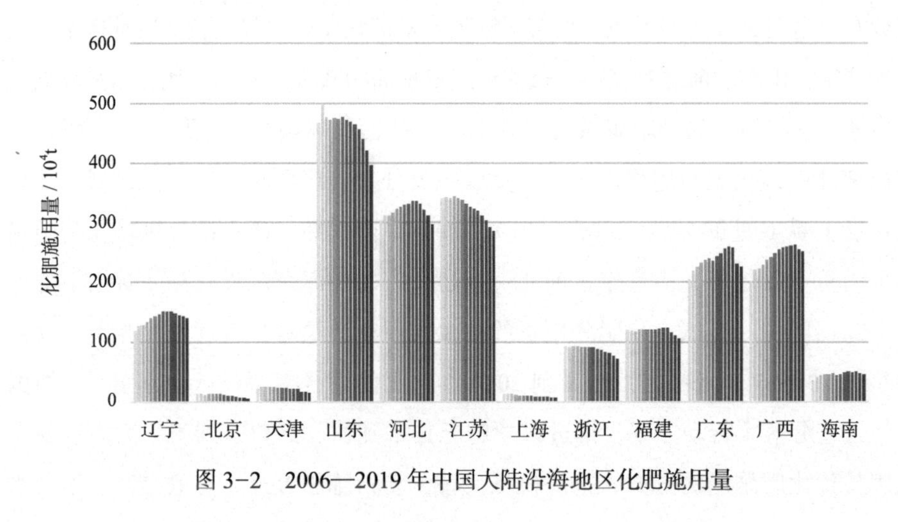

图 3-2　2006—2019 年中国大陆沿海地区化肥施用量

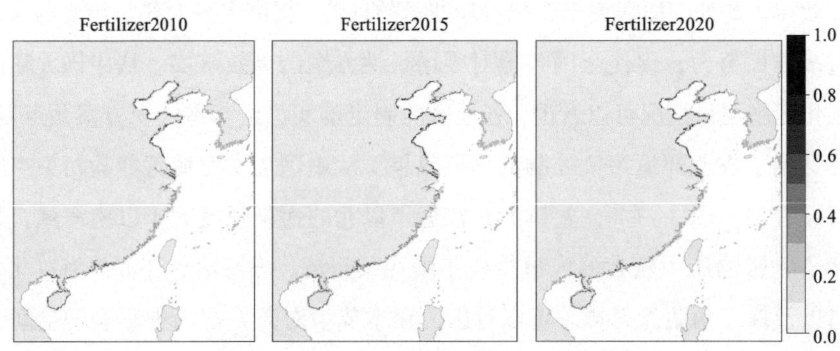

图 3-3　2010 年、2015 年和 2020 年中国近岸海域营养盐污染空间分布（标准化后）

3.1.3 讨论

本节中，近岸海域营养盐污染物的空间分布模拟的准确度主要依赖模型中所用到的土地利用和流域边界空间数据的精度。然而，模型所用的多元数据空间分辨率不一致、来源不一，且多为遥感或模型模拟的结果，因此，对近岸海域营养盐污染物影响的空间分布结果难免会存在一些误差。此外，本节中基于相关文献研究，将营养盐污染物扩散的最大影响距离机械地设定为 10 km，且对于影响扩散方向的近岸平流并没有考虑，而实际的扩散距离和扩散方向往往可以通过遥感观测（如，MODIS Aqua 卫星数据）或实地观测验证（掌握近岸环流模式）确定，

所以在污染扩散范围及方向上也可能存在一定的误差，从而影响了最终的评价结果。最后，为了验证模型结果的可信度，Halpern 等（2008）将来自全球流域营养盐输出模型 Global NEWS（Global Nutrient Export from Watersheds model）项目中的约 6 300 个溶解有机氮和磷（DON + DOP）的模拟值与该模型模拟的相应流域中的氮污染量进行了相关性分析。结果显示，与全球 4% 的最大流域中的值呈高度相关（$R^2 = 0.55, P < 0.000\ 1; N = 145$），与 20% 的最大流域中的值相关性一般（$R^2 = 0.45, P < 0.001; N = 729$），但与整个流域的值相关性较弱（$R^2 = 0.23, P < 0.001; N = 3\ 645$）。总的来讲，本研究运用的模型能够较好地捕捉氮负荷的空间分布规律（Halpern et al., 2009a）。此外，本模型仅使用农业施肥面源污染单一代理变量，而对于其他氮源，如上游和沿海污水处理厂排放、合流制溢流污水、近海沿岸化粪池、下水道排水管和大气氮沉降等未能充分考虑，导致评估结果存在低估的可能性。在模型运用方面，农业用地面积被视为单独的土地覆盖类别，在进行面积插值时，会存在权重较高的问题。在未来研究中，将进一步完善流域营养盐污染输出模型，提高模拟数据的准确度。

3.2　有机化学污染

各种各样的有机（含碳）污染物流入近海海域，其中一些污染物会在海洋食物网中持续存在并产生生物放大效应，可能导致海洋生物的突变、疾病或造成内分泌紊乱（吕永龙等，2016）。有机化学污染的来源主要包括天然有机污染物（如石油、天然气、生物毒素等）和人工合成的有机污染物（如塑料、农药、洗涤剂等）两类（金余娣，2018）。海岸带沉积物的有机污染物主要指农药和持久性有机污染物（Persistent Organic Pollutants，POPs）等（骆永明，2016）。从地球化学角度，POPs 是指借助大气、水流、生物体等环境能够长距离迁移并长期存在于环境中，具有长期残留性、生物蓄积性、半挥发性、高毒性以及显著的区域性和全球性特征，对人类健康和环境具有严重危害的天然或人工合成的有机污染物质（何培等，2018）。其中，被列入联合国欧洲经济委员会（UNECE）与《关于持久性有机污染物的斯德哥尔摩公约》（Stockholm Convention on Persistent Organic Pollutants）的化学有机物质对人体健康或环境威胁最为严重。

通过调查研究发现，中国海岸带地区水体、沉积物、沿岸土壤、水生生物体内均有 POPs，具体含量如表 3−1 数据所示。由表 3−1 可以看出，中国海岸带地区近岸海域水体中有机氯农药和多氯联苯浓度是全球其他典型国家和地区的数 10 倍甚至百倍，最高分别达 854 ng/L 和 476.9 ng/L（吕剑等，2016）。此外，中国海岸带地区沉积物中的有机氯农药和多氯联苯的浓度也远高于全球其他典型国家和地区，最高分别为 7 350 μg/kg 和 169.26 μg/kg（吕剑等，2016）。中国海岸带地区沉积物中的多环芳烃浓度要比欧洲地区的低，但要明显高于美国及亚洲其他典型国家和地区。有机氯农药和多氯联苯的性质稳定，难降解，残留在海水中的时间长，将对海洋生物造成长期严重的危害。此外，由于它们的亲油脂性、稳定性和高毒性，有机氯农药和多氯联苯很容易在海洋生物体内富集，然后通过食物链进入人体，对人体健康造成危害。人类所患的一些新型癌症就与此有密切关系。对此，本小节中，采用中国大陆沿海地区的农药施用量作为代理变量用于模拟近岸海域营养盐污染物的空间分布。

表 3−1　全球典型国家和地区海岸带 POPs 污染现状（吕剑等，2016）

		中国	美国	欧洲	亚洲 **
水体 (ng/L)	有机氯农药	1.5 ~ 854	<1 ~ 20	—	0.01 ~ 0.7
	多氯联苯	35.5 ~ 476.9	—	0.138 ~ 0.708	0.07 ~ 12.4
沉积物 / 土壤 (μg/kg)	有机氯农药	9.0 ~ 7 350*	4.2 ~ 82.9*	—	0.12 ~ 4.7*
	多氯联苯	17.68 ~ 169.26	<0.245 ~ 24.0	2.5 ~ 33	2.1 ~ 56
	多环芳烃	98.2 ~ 4 610.2	1.4 ~ 1 102.2	72 ~ 18 381	116 ~ 987

注：* 表示以滴滴涕计量；** 指除中国以外的亚洲其他国家和地区。

3.2.1　材料与方法

3.2.1.1　数据来源

本小节中所用到的基础数据与 3.1 节基本一致，具体包括：数字高程模型数据（DEM），数据空间分辨率为 90 m × 90 m，数据格式为栅格型，数据来

源为中国科学院资源环境科学与数据中心（http://www.resdc.cn）；土地覆盖利用类型数据（2010/2015/2020 年），数据空间分辨率为 300 m × 300 m，数据格式为栅格型，数据库来源为欧洲航天局（European Space Agency）（https://www.esa-landcover-cci.org/）；水深地形数据，数据空间分辨率为 15 弧秒，数据格式为栅格型，数据来源为全球海陆地形数据库（GEBCO）（https://www.gebco.net/data_and_products/gridded_bathymetry_data/）；离岸距离，数据空间分辨率为 1 km × 1 km，数据格式为栅格型，数据来源为全球渔业观察（Global Fishing Watch）（https://globalfishingwatch.org/data-download/）；农药施用量统计数据，数据来源为《中国统计年鉴》（2007—2020 年）（http://www.stats.gov.cn/tjsj/ndsj/?ref=bukesci.com）。由于 2020 年农药施用量数据缺失，因此，2020 年节点的数据采用 2016—2019 年这 4 年的平均数，其他节点数据均为各时间段 5 年的平均数。

3.2.1.2　数据处理

有机化学污染对中国近岸海域的压力评价与模拟营养盐污染空间分布的处理方法一致，在本节中不再详细表述，只做简要概括。首先，通过 DEM 数据借助 ArcSWAT 工具获取沿海地区流域矢量边界和出水点。然后搜集 2006—2020 年农药施用量统计数据，并以 2010 年、2015 年和 2020 年为时间节点，取 2006—2010 年、2011—2015 年和 2016—2020 年这 3 个时间段的平均数。运用分类密度制图方法，获取 3 个时间节点的农药施用空间分布栅格图。最后，汇总各流域中的农药施用量并将其分配到每个汇入近岸海域的出水点上，运用最小成本路径羽流扩散模型模拟有机化学污染从出水点的扩散影响。与 3.1.1 小节相同，本小节中部分数据的处理和出图通过 ArcGIS10.2 和 R 4.1.1 软件实现，其中需要加载的 R 包有 tidyverse、sf、raster、terra、rasterVis 等。

3.2.2　结果与分析

图 3-4 表示 2010 年、2015 年和 2020 年中国大陆沿海地区农药施用强度空间分布。由图 3-4 可知，中国近岸海域有机化学污染扩散影响与营养盐污染扩散的影响在空间分布上一致，且区域影响差异显著。具体来看，中国大陆沿海地区

农药施用强度较高的地区依然以山东、河北、辽宁和江苏为主。从时间尺度上看（图 3-5），在 2006—2019 年，山东、江苏、上海和浙江的农药施用量呈连续下降趋势。而其他大部分地区则均在 2015 年后 逐渐呈现下降。究其原因，农业部在 2015 年 2 月制定发布了《到 2020 年农药使用量零增长行动方案》，中国的各个地区细化实施方案，推进减量控害技术，积极实施农药零增长和农药施用量的控制，其农药减量效果明显。从中国近岸有机化学污染空间分布可以看出（图 3-6），整体上长江近岸以北的污染强度大于以南海域，有机化学污染影响较大的区域主要以莱州湾、渤海湾、江苏外海以北、长江口以及珠三角海域附近为主。

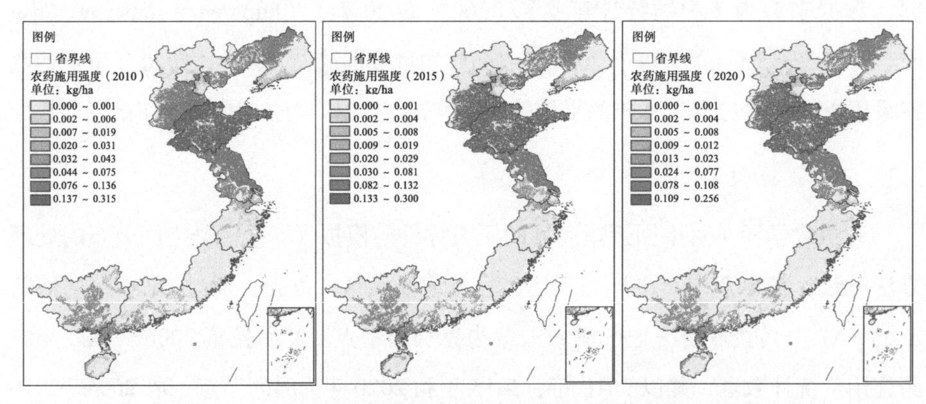

图 3-4　2010 年、2015 年和 2020 年中国大陆沿海地区农药施用强度空间分布

注：香港、澳门特别行政区及台湾省资料暂缺

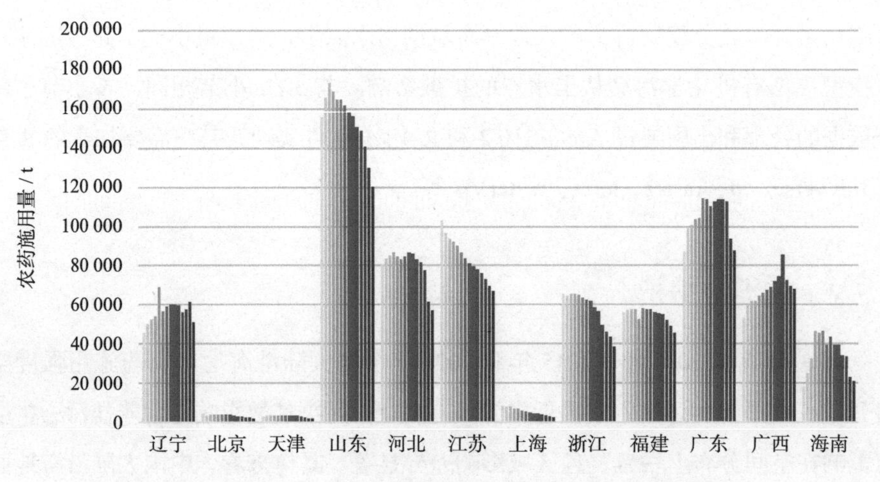

图 3-5　2006—2019 年中国大陆沿海地区农药施用量

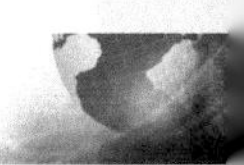

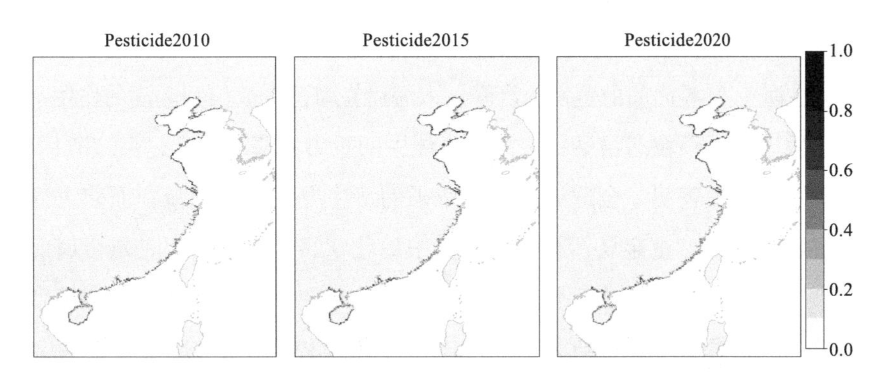

图 3-6　2010 年、2015 年和 2020 年中国近岸海域有机化学污染空间分布（标准化后）

3.2.3　讨论

本节中，用于模拟中国近岸海域有机化学污染的空间分布的模型方法与 3.1 节中介绍的方法一致。因此，在数据使用、污染扩散影响距离设置和模型精度验证方面与 3.1.3 小节讨论中所述内容一致。而对有机化学污染影响的衡量，仅考虑了非点源的农药施用污染作为代理变量，对于点源污染源产生的影响未能充分考虑，这可能会造成对中国近岸海域有机化学污染影响的低估。在未来研究中，进一步考虑将点源有机化学污染纳入模型评估中，对中国近岸海域有机化学污染排放影响进行综合评估。

3.3　无机化学污染

海洋中无机污染物主要是有色金属污染，包括汞污染、镉污染、铅污染等（金余娣，2018）。其主要来源包括城市工业生产、道路交通和城市居民生活垃圾等。其中，城市工业生产大多通过废水、废气和废渣排入海洋环境。而道路交通主要是行驶在道路上的车辆排放尾气，进入大气后重金属颗粒物以干沉降和湿沉降的方式输入海洋。居民生活产生的有色金属污染主要包括废旧电池、破碎的节能灯泡以及未用完的化妆品等废弃物。进入海洋的重金属污染物一般要经过物理迁移、化学转化及生物降解等过程（何培等，2018）。其中，海洋中重金属污染

物的物理迁移过程包括陆源重金属微量元素（如，汞、铅等）被河流、大气输送入海，在海－气界面间的蒸发、沉降；入海后在海流、波浪和潮汐的作用下被搬运和扩散迁移；颗粒态污染物在海洋水体中的重力沉降等。Liu 等（2021）在最新的研究结果中表明，全球近海海洋中汞的最主要来源是河流，而非大气沉降的重金属污染物。重金属污染物在海洋中的化学转化过程主要是重金属元素与环境中的其他物种产生化学作用，如发生氧化还原反应、水解反应和络合反应等。重金属在海水中能够与无机配位体和有机配位体作用生成螯合物和金属络合物，加大了重金属在海水中的溶解度。已经进入底质的重金属又会通过地球化学循环进入水体，造成二次污染（徐刚等，2012）。海洋中污染物的生物过程主要是海洋生物通过吸附、吸收、代谢和排泄等方式使重金属污染物在水体和生物体之间产生水平和垂直方向迁移，并在海洋食物链中发生传递的过程（徐刚等，2012）。据 Lamborg 等（2014）研究估计，全球海洋中的人类活动所产生汞的总量达 2.1 亿～3.7 亿 moL，其中大约有 2/3 的汞位于 1 000 m 或者更浅的海域。当前，人类活动对于全球汞循环的干扰导致跃层水中的汞含量增加了约 150%，并使表层水中的汞含量比变成了原先的 3 倍还不止。

本节中，假设大部分无机化学污染来自城市径流，选用不透水面（Impervious Surface Area, ISA）作为无机化学污染的代理变量用于近岸海域无机化学污染物影响的空间分布模拟。不透水面是指具有不透水特性的人造地表结构，主要包括屋顶、铺面、硬化地表和道路等。国际上有很多学者将不透水面数据指标作为汽车、道路和城市地区产生无机化学污染的代理变量（Arnold and Gibbons, 1996; Gergel et al., 2002; Liu et al., 2013）。

3.3.1 材料与方法

3.3.1.1 数据来源

本小节中用于提取流域边界和出水点所用的基础数据为数字高程模型（DEM），数据空间分辨率为 90 m × 90 m，数据格式为栅格型，数据来源为中国科学院资源环境科学与数据中心（http://www.resdc.cn）；用于最小成本路

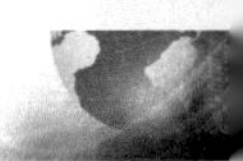

径羽流扩散模型的基础数据包括：水深地形数据，数据空间分辨率为 15 弧秒，数据格式为栅格型，空间数据来源为全球海陆地形数据库（General Bathymetric Chart of the Oceans，GEBCO）；离岸距离，数据格式为栅格型，数据空间分辨率为 1 km × 1 km，数据来源为全球渔业观察（Global Fishing Watch）（https://globalfishingwatch.org/map）。本节无机化学污染的代理变量为不透水面积数据，数据空间分辨率为 30 m × 30 m，数据格式为栅格型，数据来源为 Huang 等（2021）研发的全球不透水面数据集（1972—2019）。由于数据集中 2020 年数据的缺失，故在本节中采用 2019 年数据来替代 2020 年数据。

3.3.1.2　数据处理

无机化学污染对中国近岸海域的影响评价与前两节处理方法几乎一致。唯一不同的地方是对于不透水面的栅格数据不需要再通过分区密度制图方法提取，而是直接借助遥感解译来获得研究区流域范围内的不透水面数据。具体操作方法如下。首先，通过 DEM 数据借助 ArcSWAT 工具获取中国大陆沿海地区流域矢量边界和出水点。然后，通过掩膜提取数据集 2010 年、2015 年和 2020 年的研究区不透水面分布数据。最后，汇总各流域中的不透水面面积并将其分配到每个汇入近岸海域的出水点上，运用最小成本路径羽流扩散模型模拟无机化学污染物经出水点输入后的污染扩散影响。本节中部分数据的处理和出图过程通过 R4.1.1 软件实现，其中需要加载的 R 包有 tidyverse、sf、raster、rasterVis 等。

3.3.2　结果与分析

图 3-7 表示 2010 年、2015 年和 2020 年中国大陆沿海地区不透水面空间分布状况。从时序变化上可以看出，中国大陆沿海地区内城区不透水面的扩张模式随时间变化呈线性增长，不透水面面积的大小由 2010 年的 5.47×10^4 km^2 增加到 2019 年的 8.12×10^4 km^2，增长率达到 32.64%。这些扩张的地区主要集中在京津冀、长三角和珠三角地区。城区不透水面面积的不断增加无疑是加大了各个地区近岸海域重金属污染物输入的风险。根据中国近岸海域无机化学污染模拟空间分布结果图可以看出（图 3-8），无机化学污染压力较大的区域主要分布在天津港、东营、连云港、长江口和珠江口等附近海域。

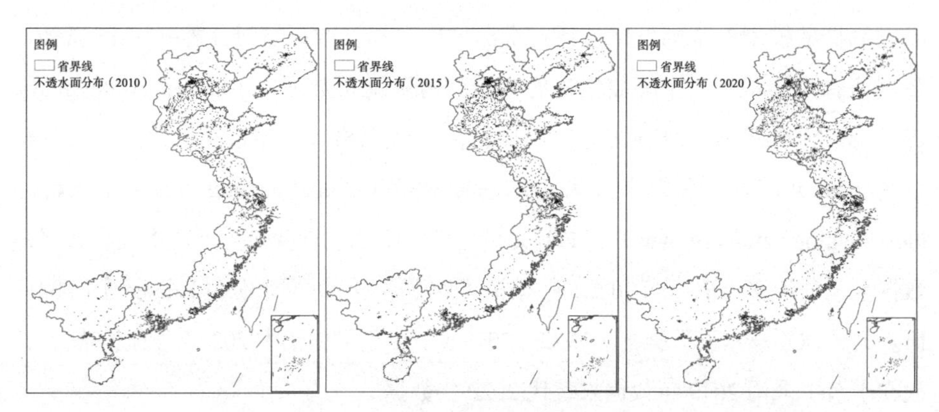

图 3-7　2010 年、2015 年和 2020 年中国大陆沿海地区不透水面空间分布

注：香港、澳门特别行政区及台湾省资料暂缺

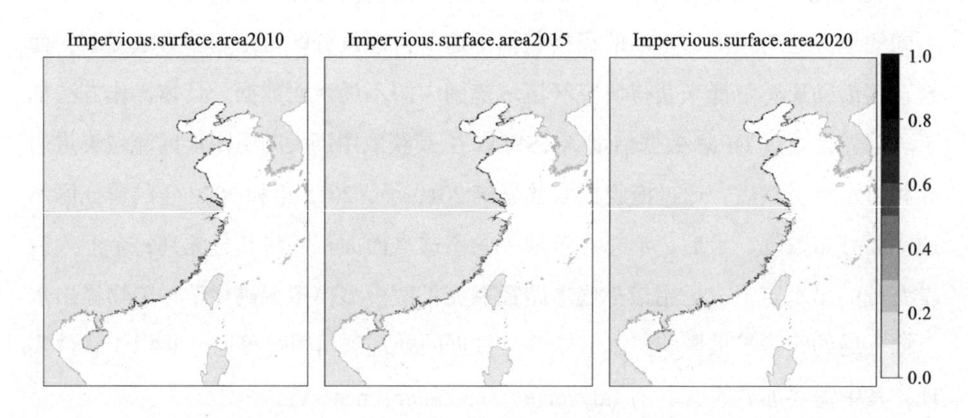

图 3-8　2010 年、2015 年和 2020 年中国近岸海域无机化学污染空间分布（标准化后）

3.3.3　讨论

本小节中，用于模拟中国近岸海域无机化学污染影响空间分布的模型方法同前两节中介绍的方法一致。数据采用、污染扩散的影响距离和模型精度验证方面的内容讨论同前文所述。在选择代理变量上，仅考虑了非点源的污染，对于点源污染源产生的影响未能纳入模型评估中，这同样可能会造成对中国近岸海域无机化学污染影响的低估。在未来研究中，将考虑纳入点源无机化学污染，对中国沿岸的无机化学污染的排放影响进行综合评估。

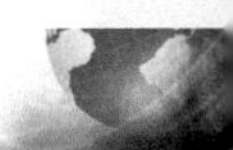

3.4　浮游植物生物量

许多研究表明，近海水体中过量的氮、磷等营养物质含量是造成海水富营养化最为重要的因素（Wang et al., 2015）。叶绿素 *a* 是绿色植物（包括藻类）进行光合作用时吸收和传递光能的主要物质，是反映海水富营养化的一个重要参数（何为媛等，2019）。因此，可以利用叶绿素 *a* 来评估水体中浮游植物的生物量，判断水体的污染和富营养化状况（黄祥飞，2000）。美国国家环境保护局（USEPA）将叶绿素 *a* 浓度作为衡量海水富营养化程度的标准，并对不同水体的富营养化程度进行了划分：富营养化水平，叶绿素 *a* 浓度大于 10 $mg \cdot m^{-3}$；中营养化水平，4 $mg \cdot m^{-3}$ < 叶绿素 *a* 浓度 < 10 $mg \cdot m^{-3}$；贫营养化水平，叶绿素 *a* 浓度小于 4 $mg \cdot m^{-3}$。近海水体的富营养化会严重影响水质，并使水体变得十分浑浊，海水透光率明显下降，此时的阳光将无法透过水层。而水体中的浮游植物因无法获得充足的光照而未能进行正常的光合作用，只能通过与其他生物争夺水中的氧气进行呼吸。随着水中氧气的大量消耗，其他生物因水体缺氧而大量死亡。死去的生物又会在水内进行氧化作用，进而加剧水体水质的进一步恶化，导致水资源被严重污染。

浮游植物不仅是海洋生态系统中的初级生产者和食物网结构的基础环节，而且还是海洋生态系统能量流动和物质循环的重要环节（范小晨等，2018）。浮游植物生物量的变化将最终影响渔业资源的供给量甚至整个水域生态系统的平衡（王超等，2013）。然而浮游植物生物量水平的升高是营养物富集的直接影响。海洋表面叶绿素 *a* 作为浮游植物中的主要色素，通常用于表征水生生态系统中浮游植物生物量的大小以及海水富营养化状态（Li et al., 2021）。本节采用海洋表面叶绿素 *a* 浓度作为浮游植物生物量的代理变量以反映海水富营养化状态（Lattuada et al., 2019）。

3.4.1　材料与方法

3.4.1.1　数据来源

在本小节中，采用李连伟等（2021）研发的全球海洋表面叶绿素 *a* 浓度栅格

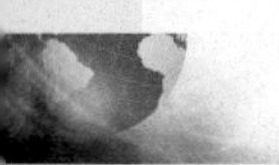

数据集（1998—2018 年），该数据集被收录于全球变化数据仓储电子杂志中（中英文）（http://www.geodoi.ac.cn/WebCn/doi.aspx?Id=1807）。该空间数据集是作者通过 SeaWIFS、Terra、Aqua、MERIS 和 VIIRS 5 个传感器获取的 1998 年 01 月至 2018 年 12 月全球叶绿素 *a* 浓度的数据，使用小波变换与 Kalman 滤波技术相结合的多源遥感数据融合技术和基于查找表法与最大值合成法相结合的融合产品技术，研发了月、季、年 3 种时间尺度上的全球海洋表面叶绿素 *a* 浓度融合数据集（李连伟等，2021）。该数据集的空间分辨率为 4 km × 4 km，数据格式为栅格型。此外，作者还将使用 2008 年的产品数据与实测值进行了对比，结果显示该数据集数据产品与实测值的拟合度为 79%，有效保障了叶绿素 *a* 浓度空间数据的可靠性。在本节中，使用 2006—2018 年的全球海洋表面叶绿素 *a* 浓度融合数据集中的月和年两种时间尺度的数据，用于反映中国近海海洋浮游植物生物量的空间分布状况。

3.4.1.2 数据处理

本节中数据的处理和出图由 R4.1.1 软件实现，其中需要加载的 R 包有 tidyverse、lubridate、sf、raster、rasterVis、ggplot2 和 ggpmisc 等。此外，因全球海洋表面叶绿素 *a* 浓度基础数据质量问题，岸线附近像元值存在缺失现象。为确保栅格数据完整性，采用邻域像元平均值方法进行填补，邻域像元大小设置为 3 km × 3 km（Halpern et al., 2008）。岸线附近的像元数值填补过程，通过 R4.1.1 软件加载 raster 包，然后使用 focal 函数，建立循环实现。

3.4.2 结果与分析

图 3-9 表示中国近海海洋表面叶绿素 *a* 浓度 2010 年、2015 年和 2020 年的月均值空间分布（标准化后）。从空间分布上看，海洋表面叶绿素 *a* 浓度高值区主要集中分布在辽东湾、渤海湾、莱州湾、江苏外海、长江口、杭州湾和珠江口。叶绿素 *a* 浓度多年平均值具有从近岸向外海呈带状分布且逐渐递减的特征。从时序变化上看，渤海湾、连云港附近海域叶绿素 *a* 浓度均有上升趋势，而杭州湾附近海域呈现下降趋势。图 3-10 表示中国近海海洋表面叶绿素 *a* 浓度在 2010 年、

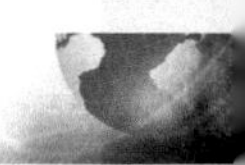

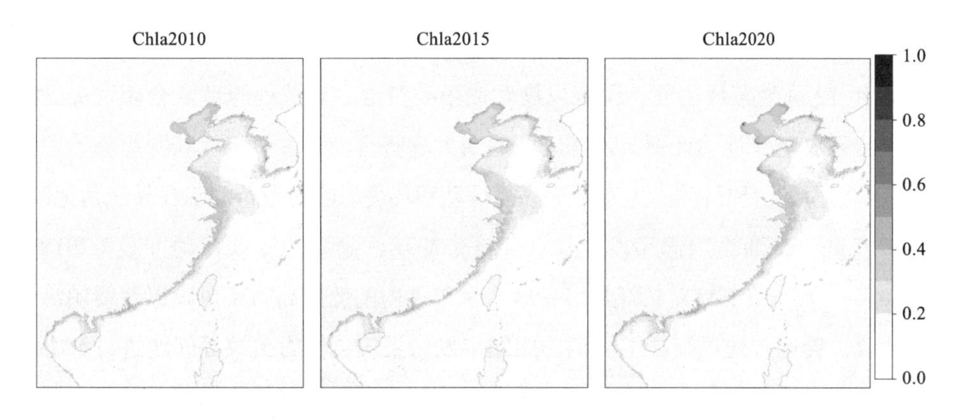

图 3-9　2010 年、2015 年和 2020 年中国近海海洋表面叶绿素 *a* 浓度月平均值空间分布（标准化后）

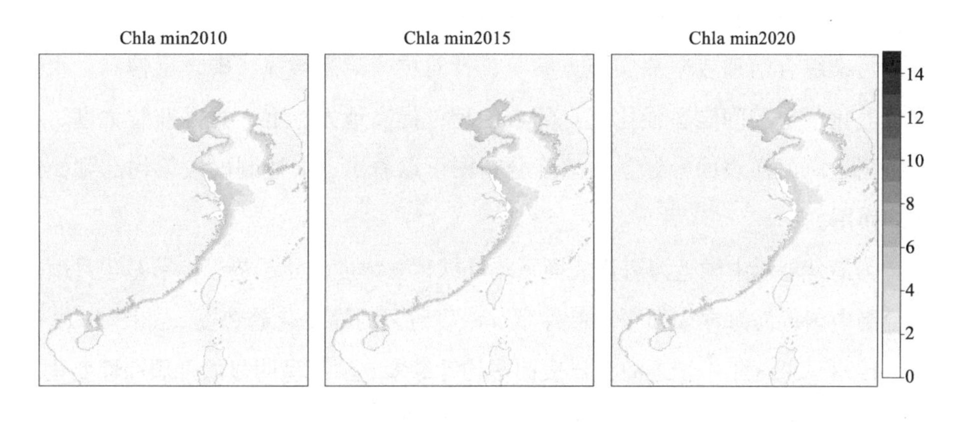

图 3-10　2010 年、2015 年和 2020 年中国近海海洋表面叶绿素 *a* 浓度月均值最小值空间分布

2015 年和 2020 年中的月均值最小值空间分布。从空间分布图上看，中国近海海洋表面叶绿素 *a* 浓度较高的区域主要集中分布在渤海、江苏外海、长江口和杭州湾附近海域。从时序变化上可以看出，渤海、江苏外海、长江口和杭州湾附近海域的浓度值和影响空间范围方面均呈现显著性的降低和缩小趋势。图 3-11 表示中国近海海洋表面叶绿素 *a* 浓度在 2010 年、2015 年和 2020 年中月均值最大值空间分布。中国近海海洋表面叶绿素 *a* 浓度较高的区域主要集中分布在长江口附近海域。从时序变化上可以看出，渤海、长江口和杭州湾附近海域在浓度值和影响

空间范围方面均呈现显著性地降低和缩小的趋势。从政府部门的管控制度来看，2018 年 12 月生态环境部、国家发展和改革委员会、自然资源部联合印发《渤海综合治理攻坚战行动计划》，确定开展四大攻坚行动，主要包括陆源污染治理行动、海域污染治理行动、生态保护修复行动和环境风险防范行动。在长三角地区，2017 年底，交通运输部印发《长江经济带船舶污染防治专项行动方案（2018—2020 年）》，主要针对长江经济带区水域范围内的船舶高污染风险以及船舶污染物接收、转运、处置衔接不协调、船舶突发污染应急能力欠缺等问题进行解决。2018 年，生态环境部、国家发展改革委联合印发了《长江保护修复攻坚战行动计划》，开展劣 V 类水体整治、城市黑臭水体整治、工业园区污水处理设施整治等八个专项行动，推动含环杭州湾区域在内的长江经济带生态环境保护各项工作落地见效，促进杭州湾生态环境质量逐步改善。2019 年，当地政府部门印发实施《杭州湾污染综合治理攻坚战实施方案》，针对杭州湾海域氮、磷含量偏高，水体富营养化严重的问题，强化重点邻域治理，提高地方标准，提升监管力度。根据中国近海海洋表面叶绿素 *a* 浓度分布图可以看出，上述制度政策均起到关键性的作用。

为清楚展示中国近海海洋表面平均叶绿素 *a* 浓度变化趋势，本节基于月值数据绘制中国近海海洋表面平均叶绿素 *a* 浓度逐月时序变化趋势图。如图 3-12 所示，1998—2018 年中国近海海洋表面平均叶绿素 *a* 浓度呈明显的月周期性变化，波峰基本出现在 3—4 月，波谷在 7—8 月。1998—2018 年，中国近海海洋表面平均叶绿素 *a* 浓度整体上呈下降趋势。根据回归公式可以看出，回归系数数据显示为 -1.28×10^{-5}，表明 1998—2018 年，中国近海海洋表面平均叶绿素 *a* 浓度在以 1.28×10^{-5} mg/m^3 的速度呈显著性逐月线性递减（$P < 0.001$）。此外，据《2020 年中国海洋生态环境状况公报》数据显示，中国海域赤潮发现次数和累计面积均较上年有所下降。相较于 2015 年，近海海域呈富营养化状态的面积减少了 32 420 km^2，呈重度富营养化状态的面积减少了 5 080 km^2。由此可见，中国近海海域富营养化在政府及多方努力下已经得到了有效控制，并取得了非常可观的海洋环境治理效果。

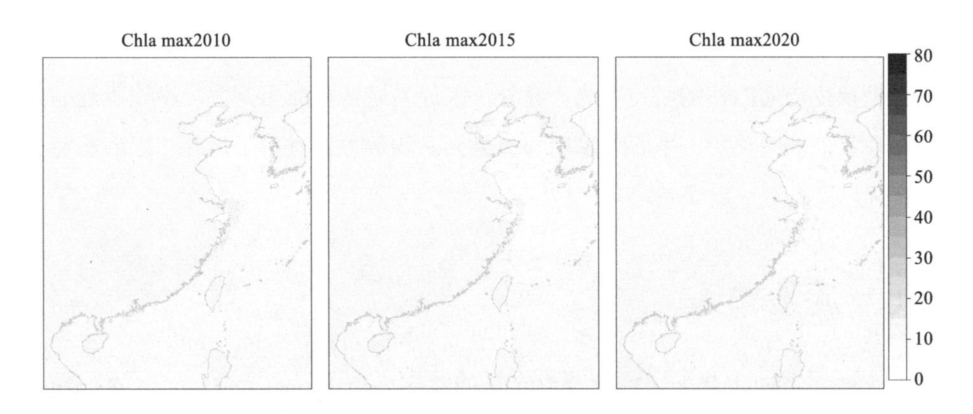

图 3-11　2010 年、2015 年和 2020 年中国近海海洋表面叶绿素 *a* 浓度月均值最大值空间分布

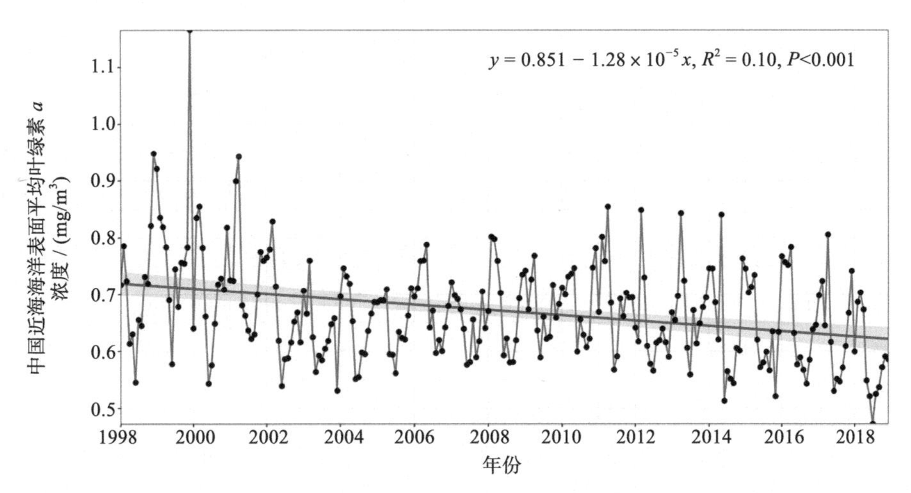

图 3-12　1998—2018 年中国近海海洋表面平均叶绿素 *a* 浓度逐月时序变化趋势（灰色区域表示 95% 的置信区间）

3.4.3　讨论

本小节中，采用数据集的时间覆盖范围是 1998 年 1 月至 2018 年 12 月。由于缺少 2019 年和 2020 年的数据，因此对于 2016—2020 年时间段的结果数据，本研究仅对 2016—2018 年的数据进行了平均。在数据口径上与 2006—2010 年和 2011—2015 年这两个时间段的结果稍有差别。另外，根据数据产品信息显示，

2008 年数据产品与实测值的拟合度为 79%，但对于整个研究期内（2006—2018 年）的数据缺少与实测值的对比结果。此外，因原基础数据质量问题，岸线附近的像元存在数值缺失现象，本研究采用邻域像元平均数方法进行了填补，因而难免会与实际情况存在一定误差。

3.5　泥沙输入

泥沙通过河流从大陆转移到海洋是调节河岸稳定、土壤形成、元素生物地球化学循环、地壳演化和许多其他与地球过程相关的重要过程之一（Chakrapani, 2005）。近几十年来，在大规模的岸线开发、围填海工程、河流上游大坝建设等多种人类活动干扰下，入海河流泥沙输入量明显减少，河口及近岸海域水动力和沉积环境发生改变，三角洲生态系统面积萎缩等问题不断涌现。当前，中国的沙质海岸和泥质海岸约有 70% 都遭受到了不同程度的侵蚀破坏，其中，沙质海岸侵蚀岸线已逾 2 500 km，河口区及岛屿侵蚀特别严重（Cao and Wong, 2007）。在沿海地区，与土地利用（特别是农业）活动相关的土壤侵蚀会导致近海海域沉积物输送量增加，造成近岸海域水体浑浊，颗粒物沉积，对海洋生态系统和底栖物种产生极大的负面影响。这些负面影响主要包括：①造成海洋群落窒息，严重时完全掩埋，导致珊瑚、红树林和海草床窒息；②抑制光合作用，限制藻类和大型植物的生长，水温升高，阻碍海水中自然植被的生长；③颗粒物刺激或冲刷鱼类的鳃，致使鱼类无法正常呼吸，造成鱼类因缺氧窒息死亡；④降低视觉捕食者的成功率，并可能对一些大型底栖无脊椎动物造成伤害；⑤许多有毒的有机化学污染物、重金属和营养盐被沉积物物理或化学吸附，造成海洋中沉积物的负荷增加和有毒物质的沉积增加，进一步加剧海洋生态环境污染程度。此外，侵蚀会流失掉土壤中的有机质，带走河道沿岸植物所需的一些重要养分。据 Alewell 等（2020）的最新研究结果表明，在未来，全球农业用地因土壤侵蚀造成的平均磷流失量占磷总流失量的 50% 以上。可见，沿岸地区流域中的土壤侵蚀也可能会导致海水富营养化的程度进一步加剧。

进入海洋的沉积物有 95% 来自河流（Chakrapani, 2005），而河流的泥沙负荷与流域泥沙输移有关，流域内土壤侵蚀量越大，水体悬浮泥沙浓度越高，对近

岸海域生态系统的压力则越大。本节中，采用土壤侵蚀量作为泥沙输入的代理变量以反映近岸海域泥沙输入对近海海洋生态系统的压力影响（Loiseau et al., 2021; Micheli et al., 2013）。

3.5.1　材料与方法

3.5.1.1　数据来源

本小节中需要用到的基础数据均来自中国 5 年间隔水蚀区土壤侵蚀千米网格数据集（2000—2015 年）（李佳蕾等，2020）。该数据集空间分辨率为 1 km × 1 km，格式为栅格数据类型。其中，基础数据包括：数字高程模型（DEM），数据空间分辨率为 30 m × 30 m，数据格式为栅格型，数据来源为美国地质勘探局（USGS）（https://lpdaac.usgs.gov/）；国家级站点降雨日数据（1982—2015 年），数据格式为文本型数据，数据来源为中国气象数据网（https://data.cma.cn）；中国年度植被指数（NDVI）（2000—2015 年），数据空间分辨率为 1 km × 1 km，格式为栅格型数据，数据来源为中国科学院资源环境科学与数据中心（http://www.resdc.cn）；土地覆盖类型（1992—2015 年），数据空间分辨率为 300 m × 300 m，格式为栅格型数据，数据来源欧洲航天局（European Space Agency）；土壤成分数据，数据空间分辨率为 250 m × 250 m，格式为栅格型数据，数据来源为国际土壤参考与信息中心（ISRIC）（https://www.isric.org/）；中国农作物数据，数据来源为国家统计年鉴；中国行政区矢量边界（1 : 1 800 万），数据格式为矢量型，数据来源为中国科学院资源环境科学与数据中心（http://www.resdc.cn）。本数据集缺失 2020 年数据，但基于研究目的，故使用 2015 年数据来替代 2020 年数据。其他还包括用于流域划分和最小成本路径羽流扩散模型所需要的基础数据，在此不再做相关表述，具体可详见 3.1 节。

3.5.1.2　数据处理

该数据集采用了修正通用土壤流失方程（RUSLE）模型对土壤侵蚀进行定量分析。通过计算获取各个栅格数据图层，土壤侵蚀量计算公式如下：

$$A = R \times K \times LS \times C \times P \tag{3-4}$$

式（3-4）中：A 表示单位面积土壤流失量；R 表示降雨侵蚀力因子；K 表示土壤可蚀性因子；L 表示坡长因子；S 表示坡度因子；C 表示植被覆盖与生物措施因子；P 表示水土保持工程措施因子。

降雨侵蚀力因子（R）主要是指因降雨而引起土壤分离和搬运动力大小。修正后的不同气候区降雨侵蚀力因子 R 的计算方法如下（Naipal et al., 2015）：

$$R = f(P, Z, \mathrm{SDII}) \quad (3-5)$$

不同气候区的计算公式也有所不同，其经验回归方程等式如表 3-3 所示。气候区的划分标准依据 Koppen-Geiger 气候分区方法（Rubel and Kottek, 2010）。

表 3-3　各气候区的 R 因子计算公式（李佳蕾等，2020）

气候分区	计算公式
BWk	$R = 0.809 \times P^{0.957} + 0.000\,189 \times \mathrm{SDII}^{6.285}$
BSk	$\log R = 0.079\,3 + 0.887 \times \log P + 1.892 \times \log \mathrm{SDII} - 0.429 \times \log Z$
	$\log R = 5.52 + 1.33 \times \log P - 0.977 \times \log Z$
Cfa	$\log R = 0.524 + 0.462 \times \log P + 1.97 \times \log \mathrm{SDII} - 0.106 \times \log Z$
Dwa	$\log R = -0.572 + 1.238 \times \log P$
Dwb	$\log R = -1.7 + 0.788 \times \log P + 1.824 \times \log \mathrm{SDII}$
	$\log R = 1.882 + 0.819 \times \log P$
Dfb	$\log R = -0.5 + 0.266 \times \log P + 3.1 \times \log \mathrm{SDII} - 0.131 \times \log Z$
	$\log R = 5.267 + 0.839 \times \log P - 0.635 \times \log Z$
其他气候分区	$R = 0.048\,3 \times P^{1.61}\ (P \leqslant 850\mathrm{mm})$
	$R = 587.8 - 1.219 \times P + 0.004\,105 \times P^2\ (P > 850\mathrm{mm})$

注：气候分区的命名方式为字母缩写组合，字母缩写意义是 B 为干旱区，C 为温和区，D 为寒冷区，W 为沙漠区，S 为干旱草原，k 为 cold，f 为 without dry season，w 为 dry winter，a 为 hot summer，b 为 warm summer

土壤可蚀性因子（K）是衡量土壤的抗侵蚀能力，反映土壤对侵蚀的敏感程度。土壤可蚀性因子与土壤质地和土壤有机质的含量具有显著的相关关系。具体

计算公式如下所示：

$$K=\left\{0.2+0.3\exp\left[-0.0256SAN\left(1-SIL/100\right)\right]\right\}\times\left(\frac{SIL}{CLA+SIL}\right)^{0.3}\times$$
$$\left(1-\frac{0.25OC}{OC+\exp(3.72-2.95OC)}\right)\times\left(1-\frac{0.7\times(1-SAN/100)}{(1-SAN/100)+\exp\left[-5.51+22.9\times\left(1-SAN/100\right)\right]}\right) \tag{3-6}$$

式（3−6）中，*SAN* 指砂砾在土壤中的含量；*SIL* 指粉粒在土壤中的含量；*CLA* 指黏粒在土壤中的含量；*OC* 指有机碳在土壤中含量。

坡度和坡长因子 *LS* 是影响土壤侵蚀径流的基本地形因素。其中参数 *L* 因子计算公式如下：

$$L=\left(\frac{\gamma}{22.13}\right)^{m} \tag{3-7}$$

$$m=\frac{\beta}{1+\beta} \tag{3-8}$$

$$\beta=\frac{\sin\theta/0.0896}{3\times(\sin\theta)^{0.8}+0.56} \tag{3-9}$$

式（3−7）至式（3−9）中，γ 为坡面的水平长度；m 为坡长因子指数，β 为细沟侵蚀和面蚀的比值，θ 为坡度。

对于坡度因子（*S*），按照 Liu 等（2002）在 CSLE 模型中的算法，对不同坡度段分别进行计算：

$$S=\begin{cases}10.80\sin\theta+0.03, & \theta\leqslant 5^{\circ}\\ 16.80\sin\theta-0.50, & 5^{\circ}<\theta<10^{\circ}\\ 21.97\sin\theta-0.96, & \theta\geqslant 10^{\circ}\end{cases} \tag{3-10}$$

植被覆盖与生物措施管理因子（*C*）是用来反映土地植被覆盖水平以及采取保护措施对土壤侵蚀的影响作用的指标因子，数值范围为 0−1。该数据集按照 Borrelli 等（2017）提出的计算方法，然后结合中国土地利用 / 覆盖类型和农作物种类，对耕地和非耕地的植被覆盖与管理 *C* 因子进行了相应的修正。调整后的不

同土地覆盖类型的 C 值如表 3-4 所示（李佳蕾等，2020）。

表 3-4　不同土地覆盖类型的 C 值（李佳蕾等，2020）

耕地			非耕地	
农作物种类		C_{cropn}	土地利用类型	C_{NA}
谷物	稻谷	0.15	常绿阔叶林	0.000 1 ~ 0.003
	玉米	0.38	落叶阔叶林	0.000 1 ~ 0.003
	其他	0.2	常绿针叶林	0.000 1 ~ 0.003
根茎作物	薯类	0.34	落叶针叶林	0.000 1 ~ 0.003
	糖料	0.34	混合林	0.000 1 ~ 0.003
纤维作物	麻类	0.28	开放林	0.01 ~ 0.15
	棉花	0.40	灌木林	0.01 ~ 0.15
烟叶		0.50	草原	0.01 ~ 0.15
蔬菜		0.25	稀树草原	0.01 ~ 0.15
药材		0.15	稀疏植被	0.10 ~ 0.50
青饲料		0.10	空地	0.10 ~ 0.50
油料		0.25	其他	无
豆类		0.32	—	—
其他农作物		0.15	—	—

植被覆盖与生物措施管理因子 C 和农作物种类紧密相关。中国各地区耕地主要作物种类和播种面积数据来源于《中国统计年鉴》，将其中作物种类归为 10 类，并通过以下公式计算全国耕地的 C 值：

$$C_{crop} = \sum_{n=1}^{10} Ccropn \times \%\mathrm{Region}_{cropn} \tag{3-11}$$

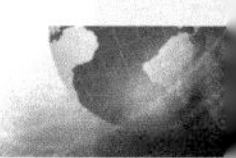

式（3-11）中，C_{cropn} 是 n 类作物的 C 值，%$Region_{cropn}$ 是 n 类作物的播种面积占各地总面积的比值。

植被覆盖因子 C 取决于植被覆盖度，数据集结合已有文献中非耕地的各种植被覆盖类型的 C 值，利用土地利用类型数据和 NDVI 数据，估算非耕地的 C 值。

$$C_{Noncrop} = \mathrm{Min}(C_{NA}) + \mathrm{Range}(C_{NA}) \times (1 - F_{cover}) \quad (3\text{-}12)$$

$$F_{cover} = \frac{NDVI - NDVI_{min}}{NDVI_{max} - NDVI_{min}} \quad (3\text{-}13)$$

式（3-13）中，$\mathrm{Min}(C_{NA})$ 是 C_{NA} 取值范围的最小值，$\mathrm{Range}(C_{NA})$ 是 C_{NA} 的最大值与最小值的差，F_{cover} 是植被覆盖度。

水土保持工程措施因子（P）是经水土保持措施后，土壤流失量与顺坡种植时土壤流失量的比值（郭兵等，2012）。按照土地利用类型分类和坡度，将坡度为水平的耕地的 P 因子值设置为 0.2；坡度不大于 10° 的耕地的 P 因子设置为 0.5；将 10°< 坡度 ≤ 25° 的耕地的 P 因子设定值为 0.6；将 25°< 坡度 ≤ 45° 的耕地的 P 因子设置为 0.8；将坡度大于 45° 的耕地的 P 因子设定值为 1（Xiong et al., 2018）。0 表示没有发生土壤侵蚀的地区，1 表示没有采取水保措施的地区。

本小节，基于获取的土壤侵蚀量数据以及前文中所使用的流域边界和出水点数据，通过汇总各流域中的土壤侵蚀量并将其分配到每个汇入近岸海域的出水点上，然后运用最小成本路径羽流扩散模型模拟近岸海域泥沙输入对近海海洋生态系统的压力影响空间分布。本小节中，数据的处理和作图过程均由 ArcGIS10.2 工具和 R4.1.1 软件实现，其中需要加载的 R 包有 tidyverse、sf、raster、rasterVis 等。

3.5.2　结果与分析

图 3-13 为 2010 年和 2015 年中国大陆沿海地区土壤侵蚀率空间分布。由图 3-13 可知，中国大陆沿海地区土壤侵蚀热点区呈点状分散于长江以南的丘陵地区。南方丘陵区发生剧烈土壤侵蚀现象的区域分布范围也比较广，且大多以点状分布为主，这些区域主要分布在坡耕地上。造成这种现象的主要原因是由于这

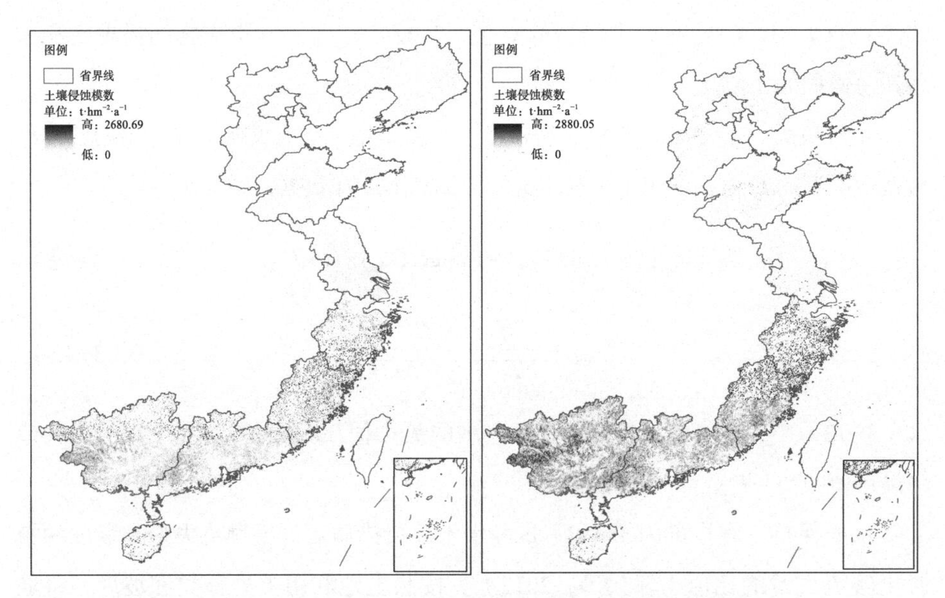

图 3-13　2010 年和 2015 年中国大陆沿海地区土壤侵蚀率空间分布

注：香港、澳门特别行政区及台湾省资料暂缺

些地区常年受降雨天气的影响，加之坡度的作用，使土壤受雨水冲刷的作用较强。因此，在这些地区中极易发生水土流失现象。从时序变化上看，2010 年和 2015 年中国大陆沿海地区的平均土壤侵蚀率分别为 68.50 $t{\cdot}km^{-2}{\cdot}a^{-1}$ 和 71.75 $t{\cdot}km^{-2}{\cdot}a^{-1}$，增长率为 4.53%。究其原因，长江及长江以南地区年降水量和极端降水量都趋于增加，土壤侵蚀强度随降水量的增加而快速增强。除自然因素外，人类活动频繁，沿岸地区城市建设、交通设施建设以及不同程度的农业活动等导致新增水土流失量较大；另外，在一些地区的河道两岸存在“边治理、边破坏”和“一方治理、多方破坏”的现象，由于区域生态基础比较薄弱，水土流失现象容易频发。图 3-14 为 2010 年和 2015 年中国近岸海域沉积物模拟空间分布情况，可以看出，因土壤侵蚀而形成的近岸沉积物严重的区域主要集中在长江口、福建沿岸以及珠江口附近海域，且这些区域的近岸海域泥沙沉积物呈逐渐增强趋势。

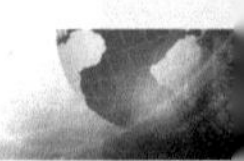

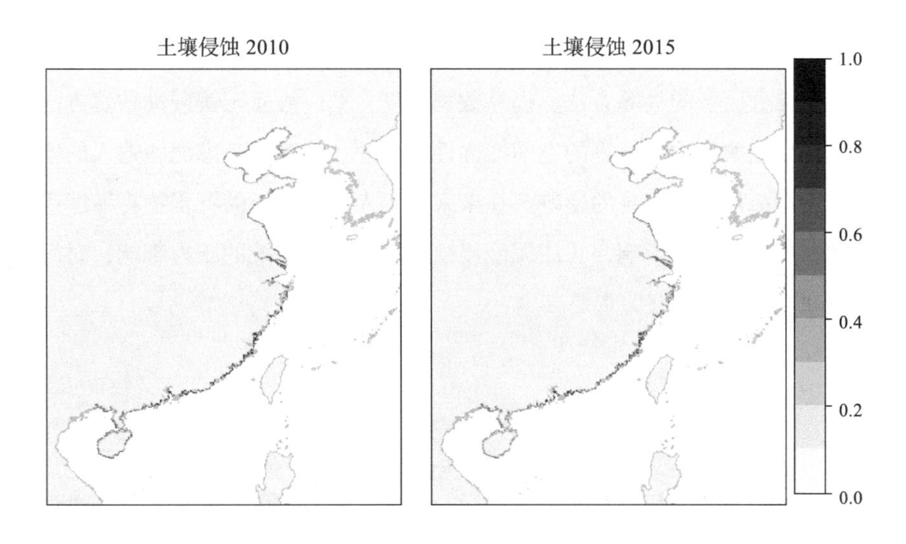

图 3-14　2010 年和 2015 年中国近岸海域泥沙输入影响空间分布（标准化后）

3.5.3　讨论

本小节中，采用了中国大陆沿海地区的土壤侵蚀量数据反映泥沙输入对近海海洋生态环境的压力影响，但对于这样大尺度的土壤侵蚀量的估算，很难确保估算值在空间分布上的精确性。虽然 RUSLE 模型起初被用于坡面土壤侵蚀量的估算，但是由于其可操作性强和模型所需参数的可获得性的优势而被广泛运用于大尺度的土壤侵蚀量估算中。然而大尺度下的计算结果分辨率相对较低，往往需要通过对参数进行合理修正和优化算法弥补数据不足造成的误差。尽管很多学者能够通过提升空间分辨率和优化算法来提升土壤侵蚀量的估算精度，但由于土壤侵蚀量的估算往往存在空间尺度效应，大尺度下的模型估算结果必然与现场调查结果之间存在偏差。另外，大尺度下的土壤侵蚀量估算结果取决于模型输入的原始数据的精度和计算方法。研究尺度不同、计算方法不同、数据来源不一，其最终结果差异也会相对较大，但模拟所得土壤侵蚀量的分布规律与变化规律变化不大。另外，本节中仅考虑了泥沙输入量增加的压力影响，而对泥沙量减少的影响却未能考虑。事实上，泥沙输入量的减少对下游生态系统的破坏影响也相对较大。如，上游大坝的修建，使得下游入海河流泥沙减少，进而会造成河口、海湾等生态系

统萎缩，生态系统及生物多样性遭受退化风险。因此，在未来研究中，将进一步优化各个参数因子的计算方法，提高数据精度，同时修正土壤侵蚀估算方法，提高其他类型土壤侵蚀量估算的空间准确性。此外，将综合考虑泥沙输入的增加和减少对近岸海洋生态系统的影响。在未来，流入近岸海域的沉积物将继续受到人类活动和气候变化的影响，关注泥沙侵蚀对海洋生态系统的压力影响，对海岸带的健康和可持续管理至关重要。

3.6 直接人类影响

人类海岸生活和娱乐活动以及航运、捕鱼、海水养殖等海上活动是海洋垃圾的主要来源。常见的海洋垃圾包括各种塑料物品，如购物袋、饮料瓶、烟头、食品包装纸和废弃的渔具等。据经济合作与发展组织（OECD）发布报告称，全球塑料垃圾的数量日益增多，每年约有超过3亿t的塑料进入人类赖以生存的环境中，对滨海旅游业以及渔业资源造成众多负面影响，每年各种损失达到约130亿美元。每个大陆的海岸线上都有塑料，而在热门旅游目的地和人口稠密地区附近则会发现更多的塑料垃圾。此外，据科学家研究估计，每年至少约 $1\ 400 \times 10^4$ t的塑料最终进入海洋（MacLeo et al., 2021）。这些进入海洋的塑料，在太阳紫外线辐射、风、电流和其他自然因素的影响下将被分解成为微塑料（<5 mm的塑料颗粒）或肉眼通常不可见的纳米塑料（<100 nm的极小颗粒）。它们体积很小，海洋生物则会很容易将一些塑料制品误食。例如，海龟特别容易将海洋中的塑料袋当作水母误食；海鸟则很容易将海水中的旧打火机或牙刷当成体型较小的鱼而吞食。当塑料制品进入海洋生物体内后，很难被消化和分解，且极易在生物体的消化道中累积，影响生物进食，出现营养不良现象，影响生物体的繁育能力，甚至会造成海洋生物的死亡，海洋生态系统的平衡遭到破坏。除此之外，当误食微型塑料后的小生物被体型较大的野生动物吃掉时，有毒的化学物质就会成为它们身体组织的一部分，通过这种方式，微塑料污染沿着食物链向上迁移，最终会成为人类食物的一部分，对人类生命健康构成威胁。此外，漂浮塑料还有助于运输入侵的海洋物种，从而威胁海洋生物多样性和食物网。最新研究成果首次指出，即使在微塑料含量

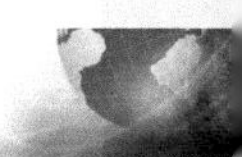

较低的情况下，浮游动物通过摄入微塑料也可能对海洋生态系统造成重大的负面影响，包括改变海洋食物网和营养物循环。而由此产生的变化可能超出全球变暖所造成的影响，成为海洋中氧气流失的主要原因（Kvale et al., 2021）。海洋塑料碎屑是大型海洋哺乳动物、鱼类和海鸟面临的一个长期问题。这些动物往往将一些塑料制品误认为水母等食物。此外，小型浮游动物也会误食极小的塑料颗粒。

此外，与人类活动直接相关的旅游业和其他行业一样会造成污染，包括空气污染、噪音、废水排放、乱扔垃圾等。沿岸地区住宿、供水、餐饮、娱乐等旅游设施的建设可能涉及采砂、海滩和沙丘侵蚀、土壤侵蚀等，导致野生动物栖息地的丧失和景观的恶化。沿岸渔民从事各类捕捞活动所遗弃的渔具、船只和器具残骸会撞击和窒息珊瑚礁等一些敏感栖息地。滨海旅游业的发展主要依赖健康的海岸带和美丽的海洋景观，脏乱不堪的海滩会影响旅游业和娱乐业的发展，造成当地经济的损失。在本节中，采用海岸人口分布数量作为直接人类影响的代理变量，具体反映生活在海岸线附近的人口或海岸游客通过直接踩踏、干扰或岸滩捕捉、拾取各种海洋生物以及丢弃塑料垃圾对潮间带和近岸海洋生态系统所造成的影响（Halpern et al., 2008; Halpern et al., 2019）。

3.6.1　材料与方法

3.6.1.1　数据来源

人口分布数据（2010 年、2015 年和 2020 年），数据格式为栅格型，数据空间分辨率 100 m × 100 m，数据来源为 WorldPop（https://www.worldpop.org/）。其他数据还包括用于流域划分和最小成本路径羽流扩散模型的基础数据，在此不再做相关阐述，具体可详见 3.1 节。

3.6.1.2　数据处理

借助 ArcGIS10.2 工具中的邻域分析模块，运用焦点统计工具制作中国大陆沿海地区人口空间分布数据，邻域分析半径设置为 10 km，选择统计类型为加总（Halpern et al., 2008）。由于直接人类活动的影响范围主要集中在潮间带和距离岸线非常近的生态系统中，因此，在本节中设定直接人类活动对近海海洋生态系统的最大影响距离为 1 km（Halpern et al., 2009b）。然后运用距离海岸线 1 km 范围大小的掩膜文件对邻域统计分析后的人口空间分布数据进行裁剪，最终获得直接人类活动对近岸海洋生态系统影响的栅格数据。本节中数据的处理和作图由 ArcGIS 10.2 工具和 R4.1.1 软件实现，其中需要加载的 R 包有 tidyverse、sf、raster 和 rasterVis 等。

3.6.2 结果与分析

图 3-15 表示 2010 年、2015 年和 2020 年中国大陆沿海地区人口空间分布情况。由图 3-15 可以看出，中国大陆沿海地区人口主要集中在环渤海、长三角和珠三角沿岸地区。这 3 个区域既是中国人口增长最快的地区，也是中国工业化、现代化和城镇化发展水平最高的地区。这意味着环渤海地区、长三角和珠三角沿岸地区附近海域受到人类直接影响也相对较大。据《2020 年中国海洋生态环境状况公报》显示，中国近海海洋垃圾最多的类型是海滩垃圾，平均个数达到 216 689 个 / km^2，平均密度为 1 244 kg / km^2。而在海滩垃圾中，塑料垃圾所占比例最大，达到 84.6%。从各个监测点观测情况来看，海洋垃圾分布数量较多地区有：秦皇岛北戴河平均个数为 353 719 个 / km^2；上海崇明岛为 129 956 个 / km^2；连云港赣榆区石桥镇为 424 000 个 / km^2；盐城滨海为 106 667 个 / km^2；厦门观音山为

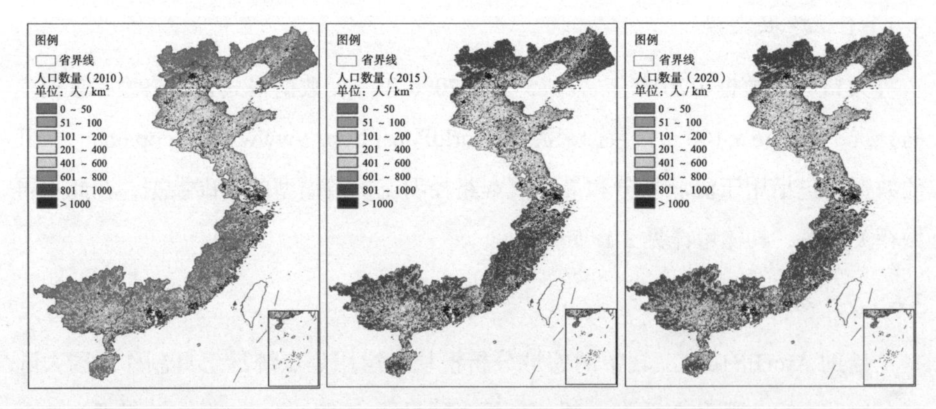

图 3-15　2010 年、2015 年和 2020 年中国大陆沿海地区人口空间分布

注：香港、澳门特别行政区及台湾省资料暂缺

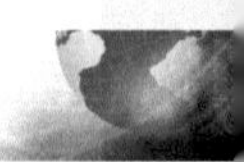

114 756 个 / km^2；惠州三门岛为 3 213 333 个 / km^2；惠州巽寮湾为 1 648 889 个 / km^2；深圳大鹏湾为 127 991 个 / km^2；广州天后宫为 114 835 个 / km^2；珠海三灶银沙滩的数量为 110 667 个 / km^2；茂名晏镜岭为 565 206 个 /km^2。从这些数据中可以看出，海洋垃圾中所占比例最大的是塑料垃圾。海洋垃圾分布数量较多的海域大多位于近岸人口相对密集处，如海洋、海滩旅游热点地区。珠三角地区海洋垃圾问题较为严重。从时序变化量看，2010 年、2015 年和 2020 年中国大陆沿海地区的平均人口数分别约为 332 人 / km^2，353 人 / km^2 和 377 人 / km^2，2010—2020 年每平方千米人口数增长率为 12 %，且这种增长趋势还会持续。因此，缓解当地人口对近岸海域生态环境带来的压力，除科学合理地控制人口数量外，还应提高全民科学素质，提高居民对生活垃圾的分类意识，开展有害垃圾集中宣讲，尤其需要加强对近岸和海岛地区及从事渔业捕捞活动居民的宣传工作，加强对海漂垃圾的治理。图 3-16 表示中国近岸海域人类直接影响模拟空间分布情况。由图 3-16 可以看出，受人类直接影响压力较大的近岸海域主要集中在江苏北部沿岸、长江口、福建和珠三角沿岸区域。

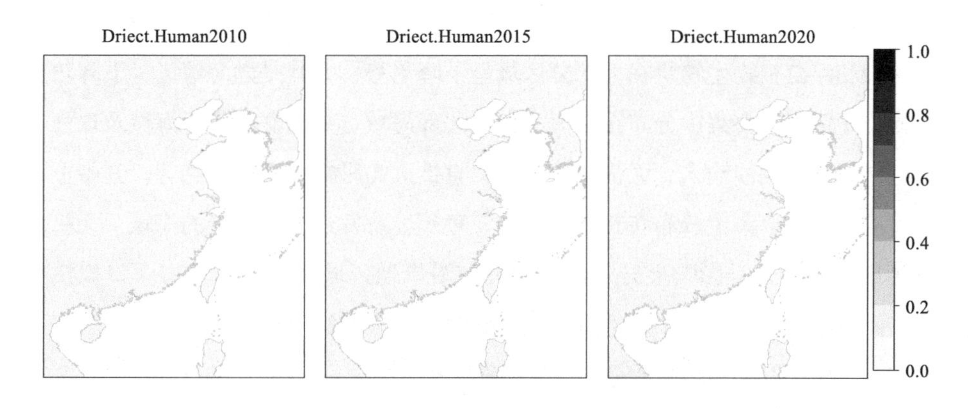

图 3-16　2010 年、2015 年和 2020 年中国近岸海域人类直接影响空间分布（标准化后）

3.6.3　讨论

在本小节中，采用海岸人口分布数量作为潮间带和近岸生态系统直接人类影响的代理变量。尽管该数据能够很好地展示海岸人口数量空间分布状况，且能够方便、快速和直观地体现直接人类活动的威胁。然而，在评价过程中并没有考虑海岸游客所带来的影响，这可能会造成对潮间带和近岸生态系统的直接人类影响程度的低估。在未来研究中，将选择科学、合理的方法，进一步尝试探究对海岸游客数量的空间化模拟技术，并将其用于模拟直接人类活动对潮间带和近岸生态系统的影响，包括生活在岸线附近的人口和海岸游客。

3.7 本章小结

随着中国大陆沿海地区陆域经济的快速发展，人口规模迅速扩张，累积性的陆源排污量增加，导致近岸海洋环境污染不断恶化，海洋生态系统遭到破坏。本章节通过统计年鉴、文献和相关地理空间信息数据库，收集了 2006—2020 年中国大陆沿海地区化肥施用量和农药施用量的统计数据以及不透水面、叶绿素 *a* 浓度、土壤侵蚀量、人口空间分布等地理空间数据，运用 ArcGIS 10.2 工具和 R4.1.1 软件分别对营养盐污染、有机化学污染、无机化学污染、浮游植物生物量、泥沙输入和直接人类影响的 6 个陆源污染压力源进行了数据模拟计算、空间数据处理和时空可视化分析。研究结果表明，在研究期内，近岸海域的营养盐污染、有机化学污染和浮游植物生物量在大部分区域呈下降趋势，尤其是渤海地区，下降较为明显。高值区主要集中分布在渤海、江苏北部海域、舟山群岛附近海域及珠江口等近岸海域。泥沙输入、无机化学污染、直接人类影响呈现上升趋势，其中上升显著的区域主要集中分布在长三角和珠三角等经济发达地区附近的海域。无机化学污染和直接人类影响上升的原因主要与沿岸地区城市建设和城市人口规模有关。而泥沙输入量的增加除了沿岸地区高强度的人类活动外，还与南方地区降雨量、土壤质地以及地形和地势等自然条件因素有关。

第4章 海洋活动驱动下的中国近海海洋生态系统压力影响评价

4

随着社会经济发展需求的不断提升，海洋所能利用和开发的价值越来越受人类的青睐。现代海洋开发活动主要以海洋工程建设为主，包括海洋渔业设施、海港、海上堤坝工程、路桥隧道机场、海洋旅游设施、海底电缆管道、可再生海洋能源开发及海洋生态保护和修复工程等。除此之外，还包括活动较为频繁的渔业捕捞和海上运输活动。近年来，随着沿岸人口规模的不断扩张，海洋经济的不断发展，渔业产品的需求持续攀升，人们对海洋渔业资源的需求和开发力度不断加大。各项海洋活动所造成的渔业生物资源衰减（过度捕捞）和海洋生态环境恶化（栖息地退化、水文动力条件变化等）等问题已成为全球关注的焦点。本章中，选择商业活动（海上船舶航运交通）、渔业捕捞活动（商业捕捞和手工捕捞）和海岸工程（沿岸港口和沿岸发电厂）3 个海洋活动压力因子对其影响进行时空可视化动态分析。

4.1 商业活动

随着全球经济一体化的发展，海洋运输业日益频繁，海洋运输成为国际贸易中重要的交通运输方式。相伴随的海上船舶大气污染的问题也日益受到重视。为保护海洋环境，国际海事组织（International Maritime Organization, IMO）制定《防止船舶污染公约（MARPOL）》，用于防止船舶因操作或意外原因造成海洋污染。此外，IMO 还制定了其他公约和制度保护海洋环境免受海上航运活动的影响。但尽管如此，海上运输依然对海洋生态环境存在严重的污染隐患和风险。其危害影

响主要包括空气污染、温室气体排放、含有水生入侵物种的压舱水的释放、石油和化学品泄漏、船舶垃圾倾倒、水下噪声污染，以及船舶对海洋巨型动物的撞击，特别是对于体形较大的大鲸鱼，如，抹香鲸、姥鲨和鲸鲨等。

具体来说，在空气污染方面，停泊在中国港口的大多数船舶使用的是燃料油，即渣油；多数港口机械和港区内货车仍使用柴油。上述船舶、机械和货车的发动机所排放的废气中，柴油颗粒物（PM)、氮氧化物（NOx）和硫氧化物（SOx）的含量极高。发动机排放的 NOx 会增加区域的臭氧（O_3）和 PM 浓度等。这些污染物会致癌或导致呼吸系统和心血管疾病（World Health Organization, 2014），影响港口城市的居民和危害公众健康。据 2014 年国际环保组织自然资源保护协会（NRDC）发布的《中国船舶和港口空气污染防治白皮书》内容显示，通过在 2007 年开展的一项研究发现，全球每年约有 6 万人因远洋船废气排放而过早死于心肺疾病和肺癌疾病（基于 2001 年数据）。2001 年，在东亚地区（包括中国、日本和韩国），估计远洋船的废气排放导致了超过 1.5 万个病例死于心肺及肺癌疾病（马淑慧等，2014）。国内外研究结果表明，在 2010 年，中国过早死于空气污染的人数约达 120 万人，其中航运被认为是导致空气污染和引起人类健康问题的重要因素之一（Lai et al., 2013）。在温室气体排放方面，据 IMO 最近提交给海洋环境保护委员会的报告显示，2018 年的船舶温室气体（GHG）排放量比 2012 年增加了 9.6%，占全球人为排放的 2.89%。其中，集装箱和散货运输是排放总量的主要来源。在外来物种入侵风险方面，商业海运被认为是全世界新的和重要的水生物种入侵的最大来源（Molnar et al., 2008）。长期以来，一些生物会附着在体形较大的海洋生物甚至是船舶的底部免费搭便车，或利用世界的海洋和水道在地球上行走。而海上活动最频繁的船舶交通运输，为海洋生物提供了周游世界的机会，增加了目的地港口附近海域外来物种入侵的风险。如今，入侵物种被认为是水生环境中自然生物多样性的主要威胁之一，影响海洋生态系统和区域经济的稳定性。据估计，在加拿大，仅 16 种入侵物种每年就造成 55 亿美元的损失（Fisheries and Oceans Canada, 2018）。在石油和化学品泄漏风险方面，商业海运存在释放有毒化学品和石油泄漏的事故风险，会产生大量危险或有生态毒性的货物材料，如原油泄漏等。近几十年来，中国沿岸海域由船舶和海上钻井平台发生

的溢油事故的次数可达千次，累积溢油总量高达 3.5×10^4 t（孙云飞，2014）。因石油泄漏事故造成的生态环境污染问题不仅破坏了海洋生物栖息，而且还会对海洋中的生物幼体、鱼卵和仔鱼造成严重损害，对海洋渔业和海产品质量造成持久性的影响（骆永明，2016）。遭受石油泄漏的生境，其功能恢复到正常的时间往往取决于石油泄漏量和石油泄漏类型。石油泄漏事故发生后各生境恢复时间如表 4-1 所示。由表 4-1 结果可以看出，盐沼湿地和红树林恢复时间最久在水下噪声影响方面，随着海上船舶活动和密度的增加，水下噪声也随之增加。据相关研究表明，与工业化前水平相比，因航运活动所产生的水下辐射噪声导致环境噪声至少增加 20 dB（Wright, 2008）。水下噪声除了会使鲸鱼在海滩搁浅外，还会造成对鲸鱼内脏的伤害，甚至会导致大比目鱼、鳕鱼等鱼类生育能力的下降。据记载，2021 年 6—10 月，中国福建和浙江沿岸接连发生了共计 7 次的群发性鲸类搁浅事件。此次搁浅事件共涉及包括瓜头鲸、糙齿海豚、瓶鼻海豚和布氏鲸 4 类鲸类物种的 47 头动物。据中国科学院水生生物研究所的科研人员实测的一项数据研究表明，中国沿海地区群发性的鲸类搁浅事件的主要原因之一是由于水体噪声污染导致鲸类发生听觉损伤而造成的搁浅（Wang et al., 2021c）。在船舶防污漆的使用方面，由于船舶防污漆中往往会添加大量的滴滴涕（Dichlorodiphenyltrichloroethane，DDT），从而在涂漆区域形成一个有毒层，其主要目的是杀死附着在船体上的海洋生物，以至于能够起到防污的效果作用。然而，使用这样的防污物往往会对船体周围的水域造成无差别污染，破坏海洋生物多样性，对海洋食物链造成损害，并且威胁到海洋生态平衡和人类健康。

表 4-1　石油泄漏事故发生后各生境恢复时间（ITOPF, 2014）

生态系统类型	恢复时间
浮游生物	数周 / 数月
沙质海滩	1 ~ 2 年
裸露的岩石海岸	1 ~ 3 年
遮蔽的岩石海岸	1 ~ 5 年
盐沼湿地	3 ~ 5 年
红树林	10 年或是更久

在本节中，使用船舶交通密度作为海上商业活动的代理变量。船舶密度是指某一瞬时单位面积水域内的所有船舶数量，能够直接反映某一水域船舶的空间分布，用于反映水域船舶交通的繁忙和拥挤程度，进而反映海上船舶交通运输活动对海洋生态系统的压力影响的空间分布状况，具体影响包括石油和化学品泄漏、外来物种入侵、船舶噪声等（Halpern et al., 2008; Halpern et al., 2009b; Halpern et al., 2019）。

4.1.1 材料与方法

4.1.1.1 数据来源

全球船舶航运交通密度，数据格式为栅格型，数据空间分辨率 500 m × 500 m，数据来源为 IMF's World Seaborne Trade monitoring system（Cerdeiro et al., 2020）。该数据是通过与国际货币基金组织（International Monetary Fund, IMF）合作所获得，是 IMF 世界海运贸易监测系统的一部分。该数据集包含 6 类数据：①商船活动密度；②渔船活动密度；③油气船活动密度；④客船活动密度；⑤休闲船活动密度；⑥所有船舶类别组合的全球航运交通密度。全球航运交通密度栅格数据是由 IMF 对 2015 年 1 月至 2021 年 2 月收到的每小时船舶自动识别系统（Automatic Identification System, AIS）播报位置的分析创建的，表示船舶在每个网格单元中的所以 AIS 数量。国际海事组织和其他管理机构要求大型船舶（包括许多商业渔船）向 AIS 播报其位置，以避免发生碰撞事故。每年，超过 40 万台 AIS 设备播报航行船舶位置、身份、航向和航速信息。地面站和卫星接收到这些信息，使船只即使在海洋最偏远的地区也能够被追踪。虽然在全球约 290 万艘渔船中仅有 2% 携带安装 AIS，但在距海岸 100 nm 范围内的捕捞活动中，这些渔船却占据一半以上，以及在公海占 80%。随着时间的推移，携带 AIS 的渔船数量每年正在以 10% ~ 30% 的速度增长，这项技术越来越被广泛应用。

4.1.1.2 数据处理

据相关研究（Millefiori et al., 2021）表明，全球新冠疫情暴发后，所有类别商船的海上活动出现了明显的下降。因此，在本小节中，为减小新冠疫情对全球

航交通运输业的影响而导致航运交通密度数据的不确定性，且基于数据完整性考虑，本研究采用 2015—2020 年的所有类别船舶航行密度的平均值作为 2010 年、2015 年和 2020 年的数据。数据处理和作图均由 R4.1.1 软件实现，需要加载的 R 包有：tidyverse、sf、raster 和 rasterVis 等。

4.1.2　结果与分析

图 4-1 表示中国近海航运交通密度空间分布情况。颜色越深，表示航运交通密度越大。由图 4-1 可知，航运交通密度较大的区域主要集中在辽东湾、渤海湾、威海、烟台、青岛、日照、连云港、长江口至北部湾沿岸和台湾海峡等海域。航运交通密度空间分布通常与沿岸港口分布和港口货物吞吐量息息相关。中国沿岸主要分布五大港口群，环渤海港口群，由辽宁、津冀和山东沿海港口群组成。长江三角洲港口群，以上海、宁波、苏州、连云港港口为主；东南沿海港口群，东南沿海地区港口群是以厦门港、福州港以及泉州港为主的港口群；珠江三角洲

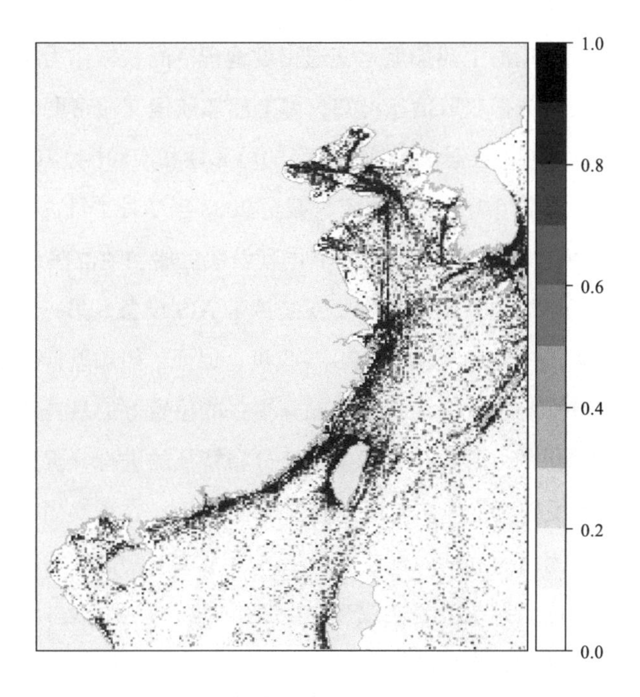

图 4-1　中国近海海上船舶航运交通密度空间分布（标准化后）

港口群，主要依托香港的贸易和国际航运中心的优势发展；西南部港口群，西南沿海港口群主要由广西以及海南的港口组成。目前，中国已建成世界级港口群，港口规模稳居世界第一。其在航运竞争力、科技创新水平、国际影响力等方面均已位居世界前列。交通运输部公布数据显示，2020 年，中国港口货物吞吐量达到 145.5 亿 t，港口集装箱吞吐量达到 2.6 亿 TEU，港口货物吞吐量和集装箱吞吐量均在全球位列第一。在全球港口货物吞吐量和集装箱吞吐量排名前 10 名的港口中，仅中国港口就分别占据了 8 席和 7 席。可以看出，中国港口在世界进出口贸易中可以说是举足轻重，如今的中国俨然成为世界上港口吞吐量和集装箱吞吐量最多、增长速度最快的国家。然而，在港口贸易经济增长的同时，随着港口吞吐量的增加，危险货物装载量的不断增加，海上航运交通越来越频繁，海上人命财产安全和海洋生态环境受到的威胁和压力也将不断增强，且这种威胁和压力态势在将来会更是有增无减。

4.1.3 讨论

在本小节中，采用海上船舶航运交通密度地理空间数据作为海上商业活动压力的代理变量。根据数据获取信息可知，海上船舶航运交通密度分布数据是通过利用 AIS 播报信息绘制，数据来源具有较高的可靠性和准确性。其原因主要在于：一方面，根据国际海事组织的有关规定，截至 2008 年 7 月 1 日，航行于国际航线上船舶吨位在 3 000 总吨以上的，航行于非国际航线上船舶吨位在 500 总吨以上的，以及所有客船，无论规模大小，都需要安装携带 AIS 设备；另一方面，AIS 所通过的位置信息数据，一般来自船用 GPS 接收机，保证了船舶航行位置的准确性。因此，对于大多数安装了 AIS 设备的船舶其播报的位置等信息具有可靠性。相关人员利用 AIS 所提供的位置数据对海上交通分布特征的进行分析具有一定的准确性，且能够基本上反映海上船舶航运交通实况。然而，在现实当中，由于存在为逃避海事监管而关闭 AIS 和同时配备多台 AIS 以及 AIS 功能损坏等问题，难免会存在对航运交通密度绘制不确定性或交通量大的海域的密度值可能存在严重低估的问题。在未来研究中，将继续搜集更高精度，信息更准确的船舶航运交通密度数据，或通过获取基于北斗卫星导航技术的船舶航线监管系统提供的船舶位置信

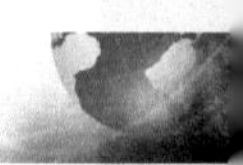

息，将自主绘制中国海区船舶航行交通密度分布图，从而提高对中国近海海洋生态系统中海上商业活动的压力影响评估的准确性。

4.2　渔业捕捞

在许多沿海地区，人类捕捞活动对近海海洋生态系统的平衡构成了严重的威胁。不同程度的渔业捕捞活动改变了鱼群落的丰度和鱼种群的大小组成（Frid et al., 1999）。渔业捕捞是影响海洋生态系统的最大因素之一。渔业捕捞通常以手工捕鱼（生计渔业）和商业捕捞（商业捕鱼或工业捕鱼）为主。手工捕鱼通常是个体捕鱼家庭为满足生活需要，通过使用低技术、低成本的捕捞方式方法，如采用渔网、鱼线或陷阱等进行的小规模捕鱼活动。手工捕鱼不仅对粮食供给至关重要，而且对解决当地就业、提高工资水平、营养供给、粮食安全、维持生计和减轻贫困也相当重要（隋春晨等，2018）。世界各地有数亿人依靠手工捕鱼维持生活。由于手工捕鱼具有高度选择性，这种作业方式对海洋生态系统的影响最小，几乎不需要采取措施进行压力缓解。但是手工捕鱼通常会破坏近海海洋群落的关键种。如近岸渔民使用海滩围网、长矛和刺网的捕鱼方式会对珊瑚造成最直接的物理破坏等。

商业捕捞，又称为工业捕捞，是以盈利为目的在有限海域范围内进行的大规模的海洋捕捞活动，能够为世界各个国家提供大量食物、鱼粉或其他海产品。商业捕捞通常以尽可能消耗最少的资源捕获最多的鱼。渔网越大或钓索越长，则可以一次性将更多的海洋生物资源带出深海，降低捕捞成本。商业捕捞较为常用的一种作业方式是拖网捕捞。拖网捕捞是一种在海底拖网捕鱼的方法，其破坏性极强，它能够破坏整个海底栖息地。海底拖网作业对海底的影响类似于陆地上森林砍伐对陆域生态系统造成的干扰，是全球公认的对生物多样性和经济可持续发展的重大威胁。据联合国估计，全球 95% 的海洋生态系统的破坏是由拖网捕捞直接造成的。这种结果包括造成大量非目标物种和具有商业价值的物种幼体的死亡以及机械地扰乱了底栖生物栖息地，各种各样的海洋底栖生物遭到伤害。此外，商业捕鱼的另一大威胁是在捕捞过程中丢失或废弃的渔具。根据绿色和平组织英

国分部（Greenpeace UK）的一份报告表明，海洋中每年有 64 万 t 渔具废物，相当于 5 万辆双层巴士的重量。渔网实际上占了太平洋垃圾区内大型塑料的 86%。最令人担忧的是，这种塑料制渔网不仅是海洋中大量废物的主要来源，而且还专门捕获和杀死海洋生物。据统计，每年约有超过 10 万头鲸鱼、海豚、海豹和海龟被海洋中的“鬼网”缠住和淹死。此外，由于拖网作业过程中捕捞选择性比较差，在捕捞目标海洋生物种类的同时，还会捕捞到大量的副渔获物，并伴有抛弃现象发生。而这些被无意捕获的生物经常会受到伤害或死亡。据世界自然基金会（WWF）公布的报告称，全球每年经海洋捕捞后丢弃的副渔获物中至少有 72 万只海鸟、30 万只鲸类动物、34.5 万只海豹和海狮以及超过 25 万只海龟死亡，同时死亡的还有数千万条鲨鱼（Course et al., 2020）。而在这其中，许多物种正处于濒临灭绝的状态。

4.2.1 材料与方法

4.2.1.1 数据来源

本小节中，采用的渔业捕捞数据来源为全球上岸渔获量（Global Fisheries Landings）V3.0 数据库（https://metadata.imas.utas.edu.au/）（Watson, 2018），原始数据存储类型为表格型，空间数据分辨率为 0.5° × 0.5°，经处理后的数据格式为栅格型。该数据集获得了多家机构提供的数据支持，包括联合国粮食及农业组织（FAO）、南极海洋生物资源养护公约（CCAMLR）、北大西洋渔业组织（NAFO）和国际海洋考察理事会（ICES）等。该数据集具体包括各类渔具相对应的商业捕捞和手工捕捞的渔获量与非法、未报告和未分配的上岸渔获量以及在海上丢弃数量。为获得上述数据记录信息，使用了金枪鱼区域管理组织和卫星船只自动识别系统（AIS）所提供的相关空间信息和渔业捕捞数据信息进行修正，以提高数据精度。关于该数据库其他信息，可以通过浏览上述数据来源网站获取，此处不再做详细阐述。

衡量渔业捕捞对近海海洋生态系统压力影响的另外一个关键数据是海洋净初级生产力（Marine net primary production，MNPP）。在本小节中，采用孙雨琦

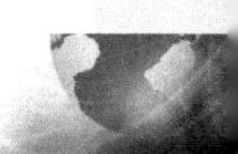

等（2020）研发的海洋净初级生产力数据集产品（1998—2019 年），该数据集被收录于全球变化数据仓储电子杂志（中英文）（http://www.geodoi.ac.cn/WebCn/doi.aspx?Id=1604）。MNPP 是衡量海洋浮游植物光合作用能力的指标。孙雨琦等（2020）运用 1998 年 1 月至 2002 年 12 月 SeaWiFS.R2014 版和 2003 年 1 月至 2019 年 12 月的 MODIS.R2018 月度 NPP 数据，采用波段运算得到 1998—2019 年 NPP 数据（3 个月、年、多年平均）（以 3—5 月、6—8 月、9—11 月、12 月至翌年 2 月各分一组），计算标准化距平，得到全球海洋初级生产力标准化距平数据集（1998—2019 年）。该数据集包含的数据产品有：① 1998—2019 年 NPP 数据；② 1998—2019 年季节组合 NPP 数据；③ 1998—2019 年 NPP 标准化距平数据；④ 1998—2019 年季节 NPP 标准化距平数据；⑤ 1998—2019 年月值 NPP 标准化距平数据（孙雨琦等，2020）。数据的空间分辨率为 9 km × 9 km，数据集存储类型为 HDF4 格式。

4.2.1.2　数据处理

渔获量（上岸数量）是反映渔业捕捞对海洋生态系统潜在影响的一项重要指标，它是由捕捞努力量所决定的。事实上，渔业资源分布密度较低的海域需要经过多次及投入更多的工作量才能获取与渔业资源分布密度较高的海域同等的渔获量。换句话说，鱼类资源密度低的海域捕捞努力量反而相对较大，相应的海洋生态系统的压力影响也因此较大。对此，本节中将渔获量除以相应年份的海洋净初级生产力（Behrenfeld and Falkowski, 1997; Halpern et al., 2019），以反映渔业捕捞的压力。2010 年、2015 年和 2020 年的渔获量数据分布采用 2006—2010 年、2011—2015 年和 2011—2015 年间渔获量的平均数。因渔获量 2016—2020 年数据缺失，故采用 2011—2015 年数据替代。同样地，3 个时间节点的海洋净初级生产力数据分别采用 2006—2010 年、2011—2015 年和 2016—2019 年均值。在进行比值计算前，为缩小数据跨度和数值离散度，海洋净初级生产力数据需要经过 log10 转换。由于渔获量初始数据的离散度较低，因此无须进行对数转换处理。然后，以获取的比值栅格数据分布的 99 分位数作为上限值进行 0 ~ 1 数值标准化处理。此外，因基础数据质量问题，岸线附近像元值

存在缺失现象。为确保数据的完整性，本研究采用邻域像元平均值方法进行填补，邻域像元大小设置为 3 km × 3 km（Halpern et al., 2009b）。岸线附近的像元数值填补过程，通过 R4.1.1 软件加载 raster 包，具体使用 focal 函数，建立循环函数实现。本节中，数据转换、计算和作图均通过 R4.1.1 软件实现，具体加载的 R 包有 gdalUtils、rgdal、tidyverse、furrr、lubridate、raster、sf 和 rasterVis 等。

4.2.2 结果与分析

图 4-2 表示中国近岸海域手工捕鱼压力空间分布情况。由图 4-2 可以看出，手工捕鱼所造成的压力强度较大的区域主要分布在沿岸地区。其中，长江口、浙江沿岸和台湾海峡海域的手工捕鱼压力强度和覆盖范围较大，表明这些地区的手工捕鱼活动较为频繁。此外，手工捕鱼压力强度空间分布显示出由近岸向外海递减特征。从时间尺度上看，中国近岸部分区域的手工捕鱼压力显著增加，

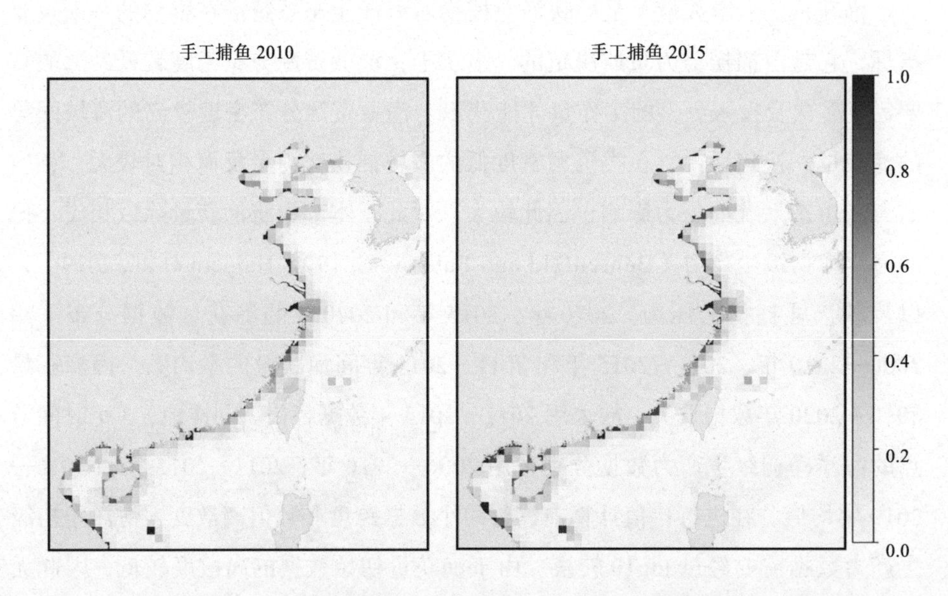

图 4-2　中国近岸海域手工捕鱼压力空间分布（标准化后）

尤其是在长江口、北部湾和台湾西北侧附近海域。这意味着渔民要想获得与过去相同的渔获物，需要在海上花费的时间更长了。同时也间接证明，中国近海渔业资源正处于不断衰退的阶段。此外，在中国海洋捕捞量数据方面也证实了这一问题。据《中国渔业统计年鉴》数据显示，2020 年中国海洋捕捞产量为 947.41×10^4 t，较 2006 年海洋捕捞产量的 $1\ 442.04 \times 10^4$ t 减少了 34.3%。图 4-3 表示中国近海海洋商业捕捞压力空间分布情况。由图 4-3 可以看出，商业捕捞压力较手工捕鱼压力范围大。除近岸港口附近海域的商业捕捞压力较大外，中国整个专属经济区内海洋商业捕捞活动压力也都相对较大。从时间尺度上看，与手工捕鱼不同的是，中国部分海域中商业捕捞压力较上一时间段有所降低。这可能是由于商业捕捞活动所耗费的成本要远高于手工捕鱼，考虑出海成本因素，不可能像手工捕鱼去花费更多的时间而获得与过去相同的渔获量，这就会导致商业捕捞努力量的降低，从而使得商业捕捞压力较上一时间段有所降低。通过时序变化对比可以发现，中国近海海洋商业捕捞压力显著降低的区域主要分布在莱州湾、长江口和北部湾等海域。

图 4-3　中国近海海洋商业捕捞压力空间分布（标准化后）

4.2.3 讨论

在本小节中，参照 Halpern 等（2019）研究的做法，采用全球上岸渔获量 V3.0 数据库提供的渔业捕捞数据和海洋净初级生产力作为衡量渔业捕捞对近海海洋生态系统的压力影响的基础数据源。然而，全球上岸渔获量 V3.0 数据是基于国际上统计的渔获量数据、各类渔具捕捞量情况的调查、AIS 提供的渔船捕捞的空间位置信息、海洋深度和关键栖息地等多元参数进行模拟估计和修正所得。因此，最终估计结果难免与真实渔业捕捞分布情况有所偏差。当然，国际上关于衡量渔业捕捞压力的数据还有基于 AIS 船舶数据的渔业捕捞努力量数据集。该数据集是科学家们通过利用卫星跟踪、机器学习和通用的船舶跟踪技术所获得，提供了 0.1°×0.1° 和 0.01°×0.01° 两种空间分辨率的渔业捕捞努力量数据。在本小节中，所需数据的数据库来源为全球渔业观察（Global Fishing Watch）（https://globalfishingwatch.org/data-download/datasets/public-fishing-effort）。尽管该数据集的分辨率比之前的全球调查所获的数据高出数百倍，然而该数据在很大程度上依赖于 AIS 船舶数据。在中国，尽管相关政府管理部门对船舶使用 AIS 设备进行了强制性要求并实施大力监管，然而由于种种原因，船舶 AIS 设备使用中的身份信息与船舶实际情况不一致、单一船舶具有多重 AIS 身份以及多艘船舶拥有同一个 AIS 身份等各种问题仍然比较突出（刘政训和张海博，2019）。因此，基于这些问题的考虑，本研究并没有采用全球渔业观察所提供的数据源。在未来研究中，将持续关注渔业捕捞压力方面的衡量方法和评估技术，进一步完善渔业捕捞压力数据源，优化渔业捕捞压力对中国近海海洋生态系统的影响的评价方法。

4.3 海岸工程

沿岸港口作业活动对近岸海域水质和海洋生物的健康具有重大影响。船舶和其他港口活动产生的废物可能导致栖息地的丧失或退化，也可能危害海洋生物。岸上港口作业活动对近岸海域海洋环境和海洋生态系统造成的负面影响主要包括：①在空气污染方面，港口上移动污染源释放污染物，包括颗粒物（PM）、氮氧化物（NOx）、硫氧化物（SOx）、挥发性有机化合物（VOCs）和空气毒物；

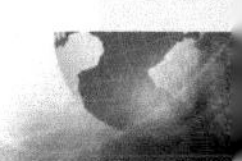

②在废水排放方面，船舶定期排放的污水、废水和压舱水，是一种经常被石油污染的废水；③在船舶油漆方面，为防止藤壶附着，船舶底部通常会涂上具有毒性的油漆添加剂，这会对海洋生物的健康造成不利影响；④在雨水径流方面，雨水径流收集港口铺砌表面的污染物，并将其沉积在水中，通常绕过废水处理厂；⑤在氮污染输入方面，氮是导致海洋系统富营养化的主要原因，藻类大量繁殖会消耗水中的氧气，导致鱼类和贝类死亡；⑥在石油泄漏方面，石油污染可能包括径流、舱底水、油轮装卸造成的慢性污染，以及油轮溢油或船体破裂造成的较大泄漏；⑦在航道疏浚方面，航道疏浚及河道清淤工程作业中，在水动力作用下输移、扩散会引起周边海域悬浮泥沙浓度增加，从而损害或永久破坏关键野生动物栖息地；⑧在物种入侵方面，海洋动物可以随着压载水进入船舱，然后通过船舶被运输进入到世界各地新的栖息地环境中，在那里它们可能成为威胁生态系统平衡的入侵物种。

沿岸火力发电厂温排水进入海洋有可能造成热污染。一般认为，发电厂温排水的影响范围一般仅在 1 ~ 2 km 以内，对近岸海域海洋生态系统的影响范围较小（杨圣云，2006）。沿岸电厂产生的温排水进入海洋环境后，会造成周围海域水体温度的升高，在热环境下，通常会对一些对生存环境要求比较苛刻以及风险规避能力较差的海洋生物的生长、繁育及群落结构产生影响（魏峰等，2021）。在本小节中，选择海岸工程中的沿岸港口和沿岸发电厂，通过运用 GIS 工具对其周围近岸海域海洋生态系统造成的压力进行空间化分析（江曲图等，2021; Halpern et al., 2009b）。

4.3.1　材料与方法

4.3.1.1　数据来源

沿岸港口距离，空间数据分辨率为 1 km × 1 km，数据格式为栅格数据型。沿岸港口距离空间数据来源为全球上岸渔获量（https://globalfishingwatch.org/data-download/datasets/public-distance-from-port-v1）。中国沿岸地区发电厂空间分布数据来源于全发电厂数据库（Global Power Plant Database）v1.3.0（https://datasets.wri.org/dataset/globalpowerplantdatabase），数据类型为矢量型。该数据库是一个全面的、

开源的全球电厂数据库。该数据库涵盖全球167个国家的约35 000个发电厂数据，包括热电厂（如，煤炭、天然气、石油、核能、生物质、废物和地热等）和可再生能源（如，水能、风能和太阳能等）两个类型。每个发电厂都有对应的空间地理位置，数据条目包含各个发电厂的容量、发电量、所有权和燃料类型等相关信息。

4.3.1.2 数据处理

在所获原始数据的基础上，港口距离经过倒数处理后作为沿岸港口设施对近岸海域海洋生态系统的压力影响。对于沿岸电厂数据，我们首先运用GIS工具筛选提取距离岸线1 km范围内的所有发电厂类型为热电厂的空间分布数据，然后以各个发电厂分布为中心，制作缓冲区范围。在本节中，设置港口对近岸海域海洋生态系统的最大影响距离为100 km（江曲图等，2021）；沿岸电厂对附近海域生态系统的最大影响距离为3 km（Halpern et al., 2009b）。

4.3.2 结果与分析

图4-4（a）表示中国近岸海域港口的压力空间分布情况，图中颜色越深表示港口越集中，反映出对近岸海域海洋生态系统的压力越大。可以看出，中国沿岸港口分布较为集中的区域主要是在环渤海、长三角、闽三角和珠三角地带，这些地区具有得天独厚的地理优势和港口资源，是中国发展外向型经济和连接海内外市场的重要支撑。图4-4（b）表示中国沿岸发电厂的压力空间分布情况。由图4-4（b）可知，中国沿岸距离岸线1 km范围内的发电厂分布较密集的区域主要集中在江苏外海、杭州湾及环渤海地区。图4-5表示2016年中国大陆沿海地区火力发电温排水总量（黄超等，2020）。山东、江苏、广东和浙江省的火力发电温排水总量在整个沿海省市地区中处于较高的位置。《上海漕泾电厂工程海域使用论证》和《六横电厂海域使用论证》的数据显示，火电厂每年的温排水量的范围一般在64×10^4 ~ 217.8×10^4 m^3/MW。按照每年最小温排水量计算，2016年中国沿海地区温排水总量达$3\,127.488 \times 10^8$ m^3，这个量相当于24.7条辽河、14.3条海河、4.8条黄河的年径流量（白连勇，2013）。

近年来，随着中国经济的快速发展，特别是东部沿海地区，对于电力的消费需求越来越高。火力发电作为沿海地区发电的主要供电方式，其不断增加的发电量速度意味着沿岸附近海域生态系统的压力也在不断增加，尤其是江苏、浙江、广东等海岸带城市地区。

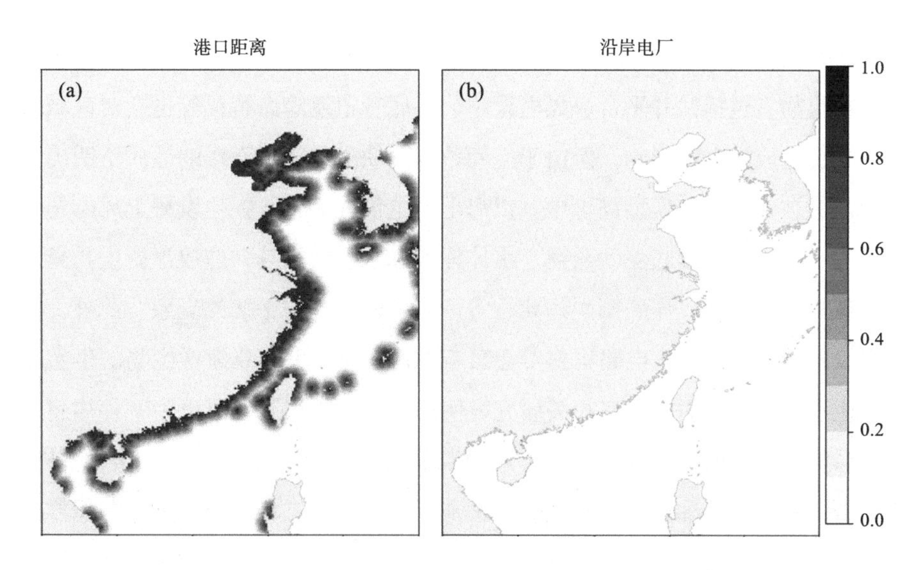

图 4-4　中国近岸海域港口和发电厂压力空间分布情况

(a) 沿岸港口；(b) 沿岸电厂

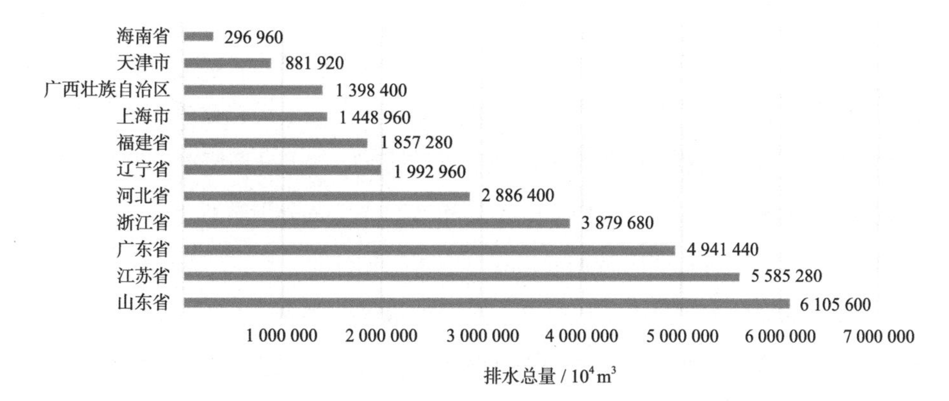

图 4-5　中国大陆沿海地区火力发电厂温排水总量（黄超等，2020）

4.3.3 讨论

在本小节中，选择沿岸港口和沿岸火力发电厂两个具有代表性的指标作为评价海岸工程对近岸海域海洋生态系统压力的代理变量。评价结果在一定程度上能够反映中国现实情况下的海洋工程的压力状况，且这两个指标也常被用于近岸海域海洋生态系统压力评价的各项研究中。此外，关于海洋工程方面的其他指标，如，海上构筑物，包括钻井平台、风电设施、海底管道及跨海桥梁等也会对区域海洋生态系统造成较大的影响，但由于空间数据的缺失或正负面影响性质不明确等问题而没有被考虑纳入模型评价中。以海上风电设施为例，在建设海上风电场的施工过程中，会导致海底泥沙悬浮、水体浑浊和水质污染等，造成浮游生物繁殖环境的破坏，并引发海洋底栖生物死亡等一系列破坏生态平衡的现象。此外，海上风电设施产生的噪声、电磁辐射等会影响洄游鱼类，并干扰海洋生物的生殖和发育等生理过程。然而，也有相关研究表明海上风电机组基础可以为一种构建海洋生态系统的关键物种（如，紫贻贝）提供新的栖息地，从而能够增加生物多样性。海上可再生能源基础设施的建设可以增加近岸海洋生态环境中的硬质沉积群落数量，这种聚集现象又被称为“礁石效应”，起到类似人工鱼礁的作用，丰富了鱼类的食物来源，对海洋生物多样性维持具有重要影响（Langhamer, 2012）。

4.4 本章小结

海洋开发活动为支撑沿海地区经济发展、拓展沿海地区建设空间提供了重要保障，但同时也对近岸海域海洋生态系统造成了一定的干扰和破坏。本章节通过文献或地理空间信息数据库收集中国近海海洋捕捞、海上交通密度、沿岸港口和沿岸发电厂地理空间数据，运用 GIS 工具和 R4.1.1 工具分别对商业活动、渔业捕捞和海岸工程影响进行空间数据处理和时空可视化分析。研究结果表明，海上交通密度较大的区域主要集中在辽东湾、渤海湾、威海、烟台、青岛、日照、连云港、长江口至北部湾沿岸和台湾海峡等附近海域。手工捕捞所造成的压力强度较大的区域主要分布在沿岸地区。其中，长江口、浙江沿岸和台湾海峡海域的手工捕捞压力强度和覆盖范围较大，而商业捕捞活动对中国专属经济区内的海域压力都相

对较大。从时间尺度上看，中国部分海域的商业捕捞压力较上一时间段有所降低。这可能是由于商业捕捞活动所耗费的成本要远高于手工捕捞，考虑出海成本因素，不可能像手工捕捞去花费更多的时间而获得与过去相同的渔获量，这就会导致商业捕捞努力量的降低，从而使得商业捕捞压力较上一时间段有所降低。沿岸港口压力较大的区域主要分布在环渤海、长三角、闽三角和珠三角地带。沿岸电厂对海洋生态影响较大的区域主要集中在江苏外海、杭州湾及环渤海地区。

5 第5章 气候变化驱动下的中国近海海洋生态系统压力影响评价

全球气候变化正在对海洋生态系统造成不可逆转的影响和破坏。全球气候变化的主要原因是大气中二氧化碳等温室气体的含量增加，而导致温室气体含量增加的主要原因又是人类过量使用化石燃料和滥伐森林。相关统计数据显示，大气中的二氧化碳含量自1958年以来增加了25%，自工业革命以来增加了约40%。二氧化碳排放量增多造成全球气候变暖、海平面上升、干旱和洪水等天气模式的变化等。据世界气象组织发布的《2020年全球气候状况》数据显示，2020年全球平均气温较工业化前水平（1850—1900年平均值）高出1.2℃。此外，根据中国气象局气候变化中心发布的《中国气候变化蓝皮书（2021）》数据显示，20世纪90年代后，海洋变暖增速显著，导致全球平均海平面上升速度加快。与1958—1989年相比较，1990—2020年的全球海洋热含量增加速率是其5.6倍。全球海平面的平均上升速率从1901—1990年的1.4 mm/a增加至1993—2020年的3.3 mm/a。2020年是卫星观测记录以来所达到的最高值年份。受海平面不断上升和海岸防护阻碍的影响，潮间带的栖息地丧失，海岸带生境受到压缩，从而威胁海洋生物多样性；同时，海平面上升增加风暴潮对滨海生态系统的淹没时间和咸潮上溯距离，导致生态系统功能退化，生物群落结构发生改变，海洋生物多样性下降。在本章节中，选择海洋高温热浪强度、海平面高度异常和海洋酸化这3个气候变化方面的压力因子对其进行时空可视化动态分析，反映气候变化因子对中国近海海洋生态系统的压力影响。

5.1 海洋高温热浪

过去几十年，受全球气候变暖影响，海洋热浪的发生频率逐渐增强，持续时

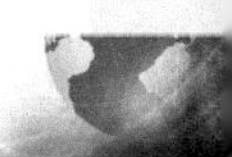

间变长，对海洋生态系统的破坏也是越发严重。相关研究发现，在 1987—2016 年间，全球海洋每年出现热浪的天数比 1925—1954 年多了 54%（Smale et al., 2019）。据《中国气候变化海洋蓝皮书（2021）》数据显示，1980—2020 年，中国近海海表温度总体呈上升趋势，平均每 10 年升高 0.27℃，2015—2020 年连续 6 年处于高位，2020 年为 1980 年以来的最暖年份。1980 年以来，中国近海海洋热浪发生频次、持续时间和累积强度均呈显著增加趋势。2020 年，莱州湾、江苏外海、北部湾和南沙群岛周边海域海洋热浪时间均超过 150 d。中国沿海暖昼日数、极端高温事件累积强度和暴雨以上级别的降水日数也都呈显著增加趋势。海洋热浪导致海洋以及沿海地区的生态系统发生了重大变化，同时还造成了一系列负面影响。

目前，越来越多的研究结果表明，海洋热浪能够对海洋生态系统的健康造成大规模破坏，包括珊瑚礁、海藻林和海草床（Smale et al., 2019; Arias-Ortiz et al., 2018; Brown et al., 2021; Le Nohaic et al., 2017; Ribas-Deulofeu et al., 2021; Traving et al., 2021）。据《世界珊瑚礁现状报告（2020 年）》公布的数据显示，2009 年至 2018 年，因海洋水体温度的持续变暖，全球约有 14% 的珊瑚礁遭到了破坏。在中国，2017 年 7 月北黄海海洋热浪事件持续时间达 60 d，热浪最大强度为 2.93℃，此热浪事件被认为是造成獐子岛扇贝大量死亡的一个重要因素；2018 年 8 月渤海也发生了海洋热浪事件，造成近岸大量养殖海参死亡。在国外，2011 年，一场极端的海洋热浪袭击了澳大利亚西海岸，造成了约有 900 km^2 的海草（占总面积的 36%）的损失，数百千米区域内的一些海带品种遭到灭绝；类似地，2016 年和 2017 年连续横穿澳大利亚大堡礁的海洋热浪导致 80% 以上的珊瑚礁体遭遇了严重的珊瑚漂白。由于海洋中的营养盐十分稀少，而珊瑚的作用之一是维持着海洋中的物质循环和能量流动，珊瑚白化会使海洋生态系统失衡，引起食物网的崩溃，并最终导致珊瑚礁里的鱼类消失。如若珊瑚白化现象无法得到有效修复，海洋荒漠化将会席卷整个海洋。此外，在 2013—2016 年称为“水泡”（The Blob）的海洋热浪事件中，太平洋西北部水温升高，养分减少，从而对浮游植物的生长造成了破坏（Traving et al., 2021）。接着，大鳞大马哈鱼（*Oncorhynchus tshawytscha*）的种群数量迅速减少，进而导致阿拉斯加湾多达 100 万只海鸟死亡。

随着海洋热浪发生的频次、持续时间和强度不断上升，群落中这些类型的变化正变得越来越普遍，关键物种正在被取代。更令人担忧的是，这种变化预计会长期发生，而海洋热浪会加速推动生态系统的这些变化，并阻碍破坏事件发生后的有效恢复（Smale et al., 2019）。因此，持续关注并准确量化海洋高温热浪强度及其对近海海洋生态系统的影响显得尤为重要。本节中，将运用海洋高温热浪强度指标衡量海洋变暖对中国近海海洋生态系统的压力影响。

5.1.1 材料与方法

5.1.1.1 数据来源

海洋高温热浪强度数据（MHWI），数据空间分辨率为 0.25° × 0.25°，数据格式为栅格型，数据存储格式为 NetCDF，数据来源为科学数据银行（Science Data Bank）（Zhang and Zheng, 2021）。该数据集是基于高分辨率海温日值数据（OISST V2）通过再分析所得。OISST V2 为美国国家海洋与大气管理局（NOAA）经最优插值得到的海表温度数据集（https://psl.noaa.gov/data/gridded/），该数据集使用了改进的高分辨率雷达（AVHRR）红外卫星海温资料以及浮标和船舶等原位观测资料。高分辨率平均海温日值数据的空间分辨率为 0.25° × 0.25°，时间跨度为 1981 年 9 月 1 日至 2020 年 12 月 31 日；月平均海温数据的空间分辨率为 1° × 1°，时间跨度为 1982 年 1 月至 2020 年 12 月。本节中用到的 MHWI 数据产品是按照 Hobday 等（2016）关于海洋高温热浪的定义［即在一定海域内发生的日海表温度（SST）至少连续 5 d 超过当地气候基准期（1982—2020 年）内同期日海表温度的第 90 个百分位（阈值）的事件，其持续时间可达数月］计算得出，数据集时间跨度为 1982 年 1 月 1 日至 2020 年 12 月 31 日。

5.1.1.2 数据处理

在获取海洋高温热浪强度数据基础上，需要通过计算 2006—2010 年、2011—2015 年和 2016—2020 年的日值平均数得到 2010 年、2015 年和 2020 年的中国近海海洋高温热浪强度值。海洋高温热浪强度基础数据 NetCDF 格式的转换、计算和作图过程均通过 R4.1.1 软件实现，具体需要加载的 R 包有 ncdf4、tidyverse、

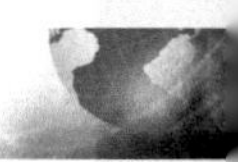

flubridate、raster、sf、rasterVis 和 ggplot2 等。此外，因海洋高温热浪基础数据质量问题，岸线附近像元值存在缺失现象。为确保栅格数据完整，采用如前节所述的邻域像元平均值方法进行填补，邻域像元大小设置为 3 km × 3 km。岸线附近的像元数值填补过程，通过 R4.1.1 软件加载 raster 包，然后使用 focal 函数，建立循环实现。

5.1.2　结果与分析

图 5-1 显示 2010 年、2015 年和 2020 年的中国近海海洋高温热浪强度月均值空间分布。由图 5-1 可以看出，2006—2010 年，中国近海海洋高温热浪强度较高的区域主要集中分布在辽东湾、渤海湾、莱州湾、连云港、长江口、北部湾、海南岛以及台湾海峡附近海域。高温热浪强度呈现由近岸向外海递减的空间分布态势。在 2011—2015 年，辽东湾、渤海湾、莱州湾、盐城、北部湾、海南岛和整个南海区域海洋高温热浪强度较高。2016—2020 年，辽东湾、渤海湾、莱州湾、日照、连云港、海南岛以及台湾西侧海域高温热浪强度仍然相对较高。总的来讲，中国近海海洋高温热浪发生高频区主要集中分布在渤海、江苏外海、长江口和海南岛周边海域。其中，北部湾附近海域海洋高温热浪发生次数最为频繁。图 5-2 显示了 2010 年、2015 年和 2020 年的中国近海海洋高温热浪强度月均最小值空间分布状况。2011—2015 年，东海和南海海域高温热浪强度相对较高，其他海域相对较低。整体来看，中国近海海洋高温热浪强度较上一时间段有明显的下降趋势。2016—2020 年，中国近海海洋高温热浪强度较上一时间段有所增加，特别是在渤海、黄海和南海海域，尤其是连云港附近海域高温热浪强度增加明显，影响范围较大。图 5-3 显示 2010 年、2015 年和 2020 年的中国近海海洋高温热浪强度月均最大值空间分布状况。3 个时间段中，中国近海海洋高温热浪强度整体呈显著增强趋势，其中渤海海域、浙江和福建外海海域以及台湾西侧海域高温热浪强度增长明显。图 5-4 显示 1982—2020 年中国近海海洋高温热浪强度逐日时间序列变化趋势。通过观察时序图可以看出，1982—2020 年，中国近海海洋高温热浪强度整体呈上升趋势，这意味着中国近海海洋高温热浪强度对海洋生态系统的压力将持续增强。

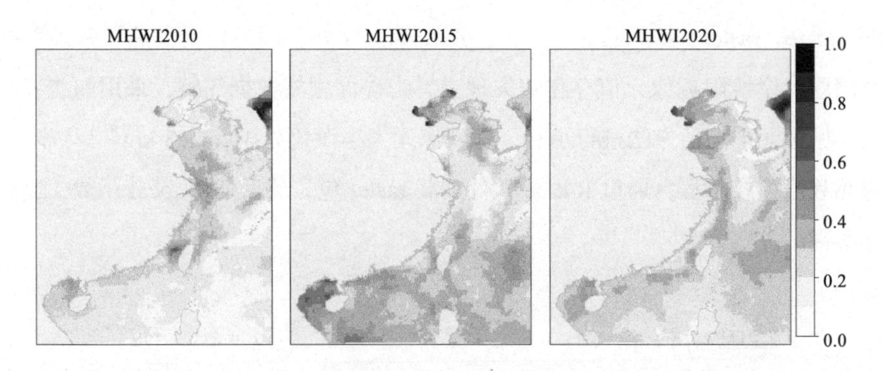

图 5-1　2010 年、2015 年和 2020 年的中国近海海洋高温热浪强度月均值空间分布（标准化后）

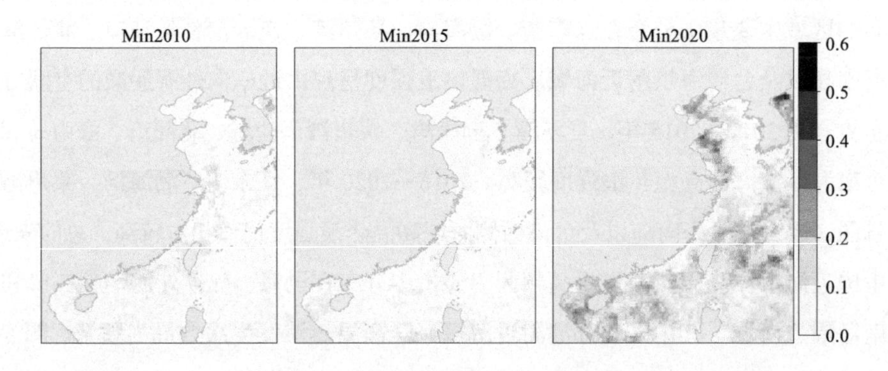

图 5-2　2010 年、2015 年和 2020 年的中国近海海洋高温热浪强度月均最小值空间分布（单位：℃）

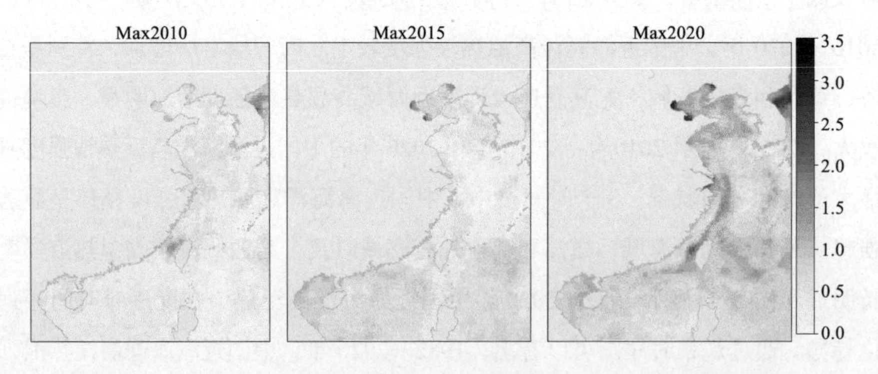

图 5-3　2010 年、2015 年和 2020 年的中国近海海洋高温热浪强度月均最大值空间分布（单位：℃）

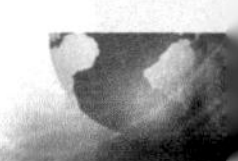

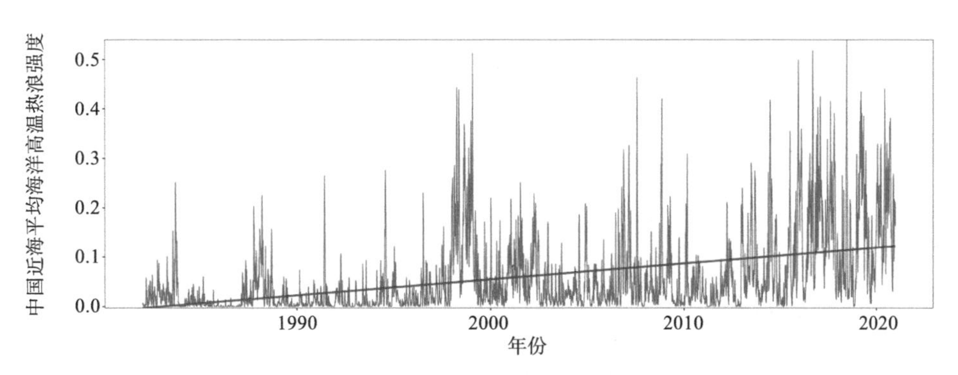

图 5-4　1982—2020 年中国近海海洋高温热浪强度逐日时间序列变化趋势

5.1.3　讨论

海洋高温热浪强度指标对于衡量海洋变暖给海洋生态系统带来的影响具有重要性和代表性，并被国内外学者广泛应用于气候变化影响的各项研究中，包括海洋生态系统和人类社会及健康方面的研究。为确保本节中结果的可靠性，通过对比王爱梅等（2021）的研究结果，得出一致结论认为，近几十年来，中国近海海表温度呈不断上升趋势，海洋高温热浪强度整体上呈不断增强态势。近年来，中国近海海洋高温热浪发生高频区主要集中分布在渤海、江苏外海、长江口和海南岛周边海域。其中，北部湾附近海域海洋高温热浪发生次数最为频繁。此外，根据《中国气候变化海洋蓝皮书（2021）》数据显示，1980 年以来，中国近海海洋热浪发生频次、持续时间和累积强度均呈显著增加趋势。2020 年，渤莱湾、江苏外海、北部湾和南沙群岛周边海域海洋热浪时间均超过 150 d。因此，本小节中，经过分析得出的结论均能够在前期的研究结果和官方公布的报告中得到验证，其结果具有一定的可靠性。在未来气候情景下，中国近海海域很可能将不断增温，预计将面临比往年持续时间更长、波及范围更广、发生频率更高、强度更大的海洋热浪事件，导致中国近海海洋生态系统的气候暴露度持续增加。对此，相关预警部门应高度重视并积极应对海洋热浪事件及其影响，加快建立全面的海洋高温热浪监测和预警机制。

5.2 海平面高度异常

海平面上升会引发海水入侵、土壤盐渍化、海岸侵蚀等现象，进而对滨海湿地、红树林和珊瑚礁等典型生态系统造成极大损害，海岸带生态系统的服务功能和海岸带生物多样性降低（王友绍，2021）。据研究结果表明，在海平面上升速率较为缓慢的情形下，滨海湿地往往是可以适应的，但难以适应大于 2 mm/a 的快速上升速度（高如峰，2012）。而就目前全球和中国海平面的上升速率来看，海平面的上升速率已经超过滨海湿地生态系统所能适应环境的临界值。据《中国气候变化海洋蓝皮书（2021）》数据显示，1993—2020 年，全球平均海平面上升速率约为 3.3 mm/a。2020 年，全球平均海平面较 2019 年高 6 mm，处于有卫星观测记录以来的最高位。中国沿海海平面上升速率为 3.4 mm/a，1993—2020 年，上升速率为 3.9 mm/a，高于同期全球平均水平。2012—2020 年中国沿海海平面持续处于近 40 年高位，2020 年为 1980 年以来第三高。中国沿海平均高高潮位和平均大的潮差总体均呈上升趋势，其中杭州湾沿海上升速率最大。1980—2020 年，中国沿海极值高潮位和最大增水均呈显著上升趋势，上升速率分别达到 4.6 mm/a 和 2.51 cm/a。2000—2020 年，中国沿海致灾风暴潮次数也呈现上升趋势。据 2020 年《中国海洋灾害公报》显示，2020 年中国沿海共发生风暴潮过程 14 次（统计范围为达到蓝色及以上预警级别的风暴潮过程），其中致灾风暴潮过程 7 次；中国近海出现波高 4.0 m（含）以上的灾害性海浪过程有 36 次。对于中国沿海地区而言，在海平面上升 0.5 m 情况下，如果没有任何防潮设施，中国东部沿海地区可能约有 4×10^4 km^2 的低洼冲积平原将被淹没，并对滨海湿地生态系统、沿岸地区土壤质量、生物多样性及水资源系统产生严重影响（国家海洋局，2011）。可以看出，海平面上升对中国近海海洋生态系统和沿海地区经济社会的发展影响重大。本节中，采用海平面高度异常衡量海平面上升对中国近海海洋生态系统的压力影响（Halpern et al., 2008; Halpern et al., 2009b; Clarke Murray et al., 2015; Halpern et al., 2019）。

5.2.1　材料与方法

5.2.1.1　数据来源

海平面高度异常数据（SLA），空间数据分辨率为 0.25° × 0.25°，数据格式为栅格型，数据存储格式为 NetCDF，数据来源为法国空间局 AVISO 数据中心提供的卫星高度计融合数据（https://www.aviso.altimetry.fr/en/index.php?id=1526）。本节中，使用数据库中的月均海平面异常数据产品，数据单位为 m。数据时间跨度为 1993 年 1 月至 2020 年 5 月。该数据集的计算方法即月海平面高度异常值数据是由月海平面高度绝对值减去 1993—2012 年同月平均值（气候基准期）所得。

5.2.1.2　数据处理

2010 年、2015 年和 2020 年的中国近海海平面高度异常值是通过计算 2006—2010 年、2011—2015 年和 2016—2020 年的年海平面高度异常值平均数所得。其中，年海平面高度异常值由月值平均数所获得。海平面高度异常值初始数据 NetCDF 格式的转换、计算和作图均通过 R4.1.1 软件实现，具体需要加载的 R 包有 ncdf4、tidyverse、flubridate、raster、sf、rasterVis、ggplot2 和 ggpmisc 等。此外，因海平面高度异常初始数据质量问题，岸线附近像元值存在缺失现象。为确保栅格数据的完整性，继续采用如前节所述的邻域像元平均值方法进行填补，邻域像元大小设置为 3 km × 3 km。岸线附近的像元数值填补过程，通过 R4.1.1 软件加载 raster 包，然后使用 focal 函数，建立循环函数实现。

5.2.2　结果与分析

图 5-5 显示了 2010 年、2015 年和 2020 年中国近海海平面高低异常月均值空间分布。2006—2010 年，海平面高度异常值较大的区域主要集中分布在渤海海域、日照和连云港海域。其他大部分区域，包括浙江、福建和广东沿海等海域，海平面高度异常值相对较低。2011—2015 年，较 2006—2010 年海平面高度异常值区域明显增加，主要集中分布在渤海湾、辽东湾、连云港、日照、舟山群岛、

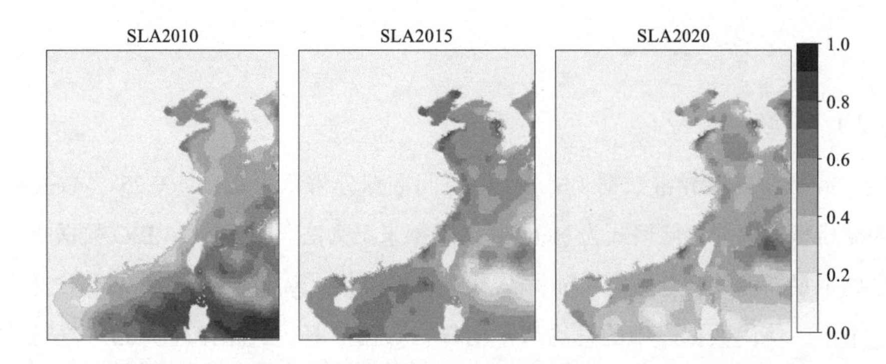

图 5-5　2010 年、2015 年和 2020 年中国近海海平面高度异常月均值空间分布（标准化后）

厦门湾和北部湾海域。台湾海峡海域海平面高度异常值相对较低。2016—2020 年，渤海湾，连云港、日照、福建沿海和厦门湾海域海平面高度异常值相对较高。台湾海峡海域海平面高度异常值相对较低。引起沿海海平面异常变化的重要原因是海温、气温、气压、风和降水等。图 5-6 显示了 2010 年、2015 年和 2020 年中国近海海平面高度异常月均值最小值空间分布状况。中国近海海平面高度异常值相对较高的区域主要集中分布在渤海、连云港、日照、杭州湾、厦门湾和北部湾海域，且海平面高度异常有明显上升趋势。图 5-7 显示了 2010 年、2015 年和 2020 年中国近海海平面高度异常月均值最大值空间分布状况。在 3 个时间段中，海平面高度异常值相对较高的区域主要分布在渤海湾、江苏外海、杭州湾、厦门湾和北部湾海域。从中国近海海平面高度异常月均值最大值的时空演化来看，中国沿岸附近海域海平面高度异常明显增加，尤其是福建沿岸，其中厦门湾海平面高度异常增加最为明显。为进一步了解中国近海海平面高度异常的时间变化趋势，本研究使用初始数据制作了 1993—2020 年中国近海平均海平面高度异常值逐月时间序列变化图（图 5-8）。通过观察时序图可以看出，中国近海海平面高度异常呈明显的月周期性变化，波峰出现在夏季，波谷在冬季。1993—2020 年，中国近海海平面高度异常整体呈上升趋势。根据回归公式可以看出，回归系数显示为 9.05×10^{-6}，表明研究期内中国近海海平面高度异常正在以 9.05×10^{-6} 的速度呈显著性逐月线性递增（$P < 0.001$）。

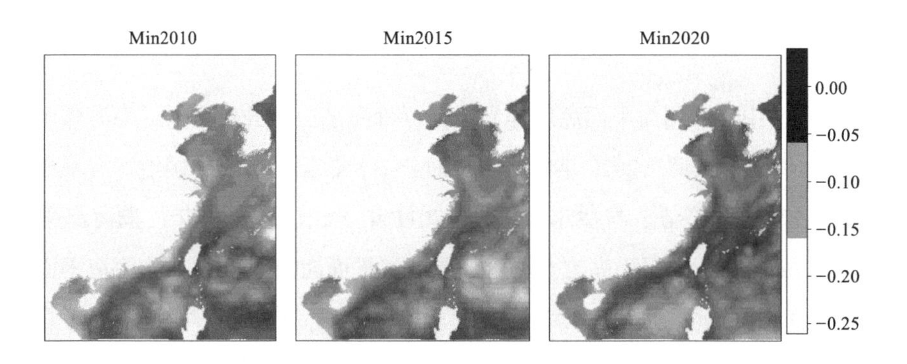

图 5-6　2010 年、2015 年和 2020 年中国近海海平面高度异常月均值最小值空间分布

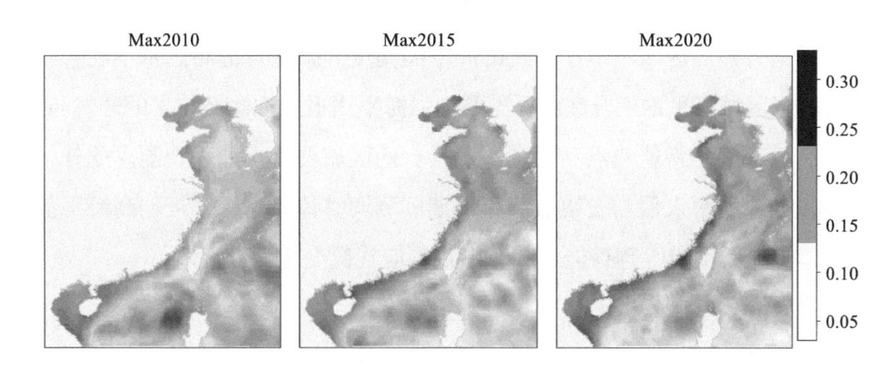

图 5-7　2010 年、2015 年和 2020 年中国近海海平面高度异常月均值最大值空间分布

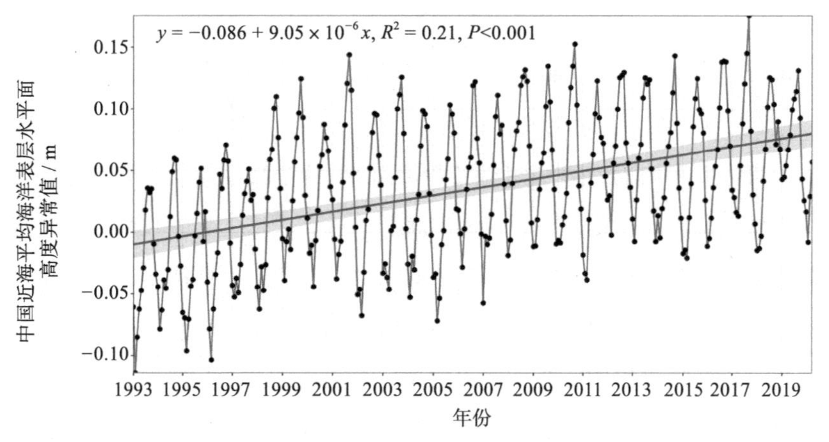

图 5-8　1993—2020 年中国近海平均海平面高度异常值逐月时间序列变化（灰色区域表示 95% 的置信区间）

5.2.3 讨论

本小节中，采用海平面高度异常指标评价海平面上升对中国近海海洋生态系统的压力影响。按照《2020年中国海平面公报》数据显示，中国沿海海平面变化总体呈波动上升趋势。与往年（1993—2011年）相比，2020年，渤海海平面高度达86 mm、黄海海平面高为60 mm、东海海平面高为79 mm和南海海平面高为68 mm。可以看出，渤海海域海平面高度上升最大。2020年，中国沿海各月海平面变化波动较大。其中，1月和6月杭州湾及以北沿海海平面较常年同期数值高136 mm、福建沿海高170 mm和广东沿海高159 mm，这些区域均为1980年以来同期最高，8月台湾海峡沿海海平面为近20年同期最低。总体来看，报告中提及的海平面上升热点区与本节中所述的海平面高度异常热点分布区基本吻合。为有效应对沿岸区域海平面上升威胁，需要加强海平面遥感观测新技术的开发与应用，对于海平面高度异常值热点和观测站点稀少的区域要重点加强观测。此外，要完善海岸侵蚀、海水入侵与土壤盐渍化长期监测调查体系，提升极端高海平面、咸潮和海岸带城市洪涝等预警能力和海岸带响应气候变化的韧性。

5.3 海洋酸化

海洋酸化是当今世界海洋面临的最严峻的挑战之一。二氧化碳的大量输入改变海水化学的种种平衡，尤其是碳酸盐系统。这种由于海洋吸收了大气中过量二氧化碳降低海水的pH值而引起海水酸度增加的过程，被称为“海洋酸化”。自工业化时代以来，全球二氧化碳排放量中大约有1/3被海洋所吸收（WHOI, 2020）。海洋的平均pH值已经从8.2降至8.1，这个数值差距虽然看起来很小，但对应于酸度却已经“飙升”了30%。海洋通过对二氧化碳吸收减缓气候变化的速度和严重程度为人类社会提供了有价值的海洋服务。据估计，这种潜在的海洋服务功能相当于每年给全球经济带来860亿美元的补贴，然而这种海洋服务功能的实现却是以牺牲健康的海洋为代价的（联合国，2013）。据《中国气候变化海洋蓝皮书（2021）》数据显示，1985—2019年，全球海洋表层平均pH值下降速率约为每10年0.016个单位。海洋酸化已经由海洋表层扩大到海洋内部，3 000 m深

层水中已经观测到酸化现象。1979—2020 年，中国近岸海水表层 pH 值总体呈波动下降趋势，江苏及以南沿海、长江口、杭州湾近岸海域海水表层酸化明显。2020 年夏季，长江口海域出现大面积低氧区。

海洋酸化会引起海洋系统发生一系列的化学反应，对不同的海洋生物群体（如鱼类、软体动物、棘皮动物和甲壳动物）的生存、生长、发育和繁殖有负面影响，可能最终会导致海洋生态系统发生不可逆转的变化，进而破坏近岸海洋生态系统的平衡并影响对人类的服务功能（湛垚垚等，2013）。在鱼类方面，研究发现，海水中二氧化碳浓度的上升对某些物种（如，夏季比目鱼、牙鲆和大西洋鳕鱼等）的卵和早期幼虫阶段的存活率有负面影响。2014 年《生物多样性公约》第十二次缔约国大会提到，海洋酸化速度近期“急剧加速”，2100 年海洋生物种类可能会减少 30% ~ 40%，而贝类种类可能会减少 70%。然而相对于全球海洋，近岸海域生态系统构成复杂，特别是在气候变化和富营养化等多重环境压力的共同作用下，近岸海域已成为响应全球大气二氧化碳升高及其次生趋势性海水酸化的敏感区。此外，较大气二氧化碳升高驱动的酸化而言，近岸海洋酸化能够在短时间内迅速发展，其海洋酸化的进展速度也要快于大洋区域，且常与缺氧或贫氧等其他环境因子相随，进而对近岸海洋生物构成更大的环境胁迫，可能会严重影响近岸海域的生态系统和人类在近岸海域的渔业生产活动（徐雪梅，2016）。

5.3.1　材料与方法

5.3.1.1　数据来源

海洋酸化数据（SSA），数据空间分辨率为 1° × 1°，数据格式为栅格型，数据存储的格式为 NetCDF，数据时间跨度为 1985 年 1 月至 2020 年 12 月，数据来源为美国国家海洋与大气管理局 – 国家环境信息中心（NOAA-National Centers for Environmental Information）发布的全球表层海水碳酸盐体系的网格数据集（Ocean SODA-ETHZ）（v2021）（NCEI Accession 0220059）。该数据集包含了所有表层海水相关参数，包括溶解的无机碳（DIC）、总碱度（TA）、二氧化碳分压（pCO_2）、pH 值、文石饱和状态（$\Omega_{文石}$）及方解石饱和（$\Omega_{方解石}$）状态等。在本小节中，使用数据集中的文石饱和度（omega_ar）变量来整体反映海洋酸化

对中国近海海洋生态系统的压力影响。海洋酸化的过程，不仅会使海水的 pH 值下降，而且还会引起海水碳酸盐离子浓度的减少，从而降低碳酸钙饱和度，包括文石饱和度（$\Omega_{文石}$）和方解石饱和度（$\Omega_{方解石}$）。由于文石的溶解度比方解石高，故在本小节中评估海洋酸化对钙质骨骼的生物生存环境的影响优先采用较为敏感的文石饱和度作为衡量海洋酸化程度的代理变量指标（汪燕敏等，2016; Halpern et al., 2019）。

5.3.1.2 数据处理

2010 年、2015 年和 2020 年的中国近海表层海水中文石饱和度是通过计算 2006—2010 年、2011—2015 年和 2016—2020 年的年文石饱和度平均数所得。其中，年文石饱和度值通过计算文石饱和度月值平均数所获得。表层海水中文石饱和度越低，表明海洋酸化对海洋生态系统的压力影响越高。因此在数据标准化时，采用逆向标准化方式处理。海洋酸化初始数据 NetCDF 格式的转换、计算和作图均通过 R4.1.1 软件实现，具体需要加载的 R 包有 ncdf4、tidyverse、flubridate、raster、sf、rasterVis、ggplot2 和 ggpmisc 等。此外，因文石饱和度初始数据质量问题，岸线附近像元值存在大面积缺失。为确保栅格数据完整性，继续采用如前节所述的邻域像元平均值方法进行数值填补，邻域像元大小数值设置为 3 km × 3 km。岸线附近的像元数值填补过程，通过 R4.1.1 软件加载 raster 包，然后使用 focal 函数，建立循环实现。

5.3.2 结果与分析

图 5-9 表示 2010 年、2015 年和 2020 年中国近海表层海水文石饱和度月均值空间分布状况，图中颜色越深表示海洋酸化压力影响程度越大。中国近岸海水文石饱和度值低于开阔大洋海域，海洋酸化压力呈现由近岸向外海递减的空间分布态势。海洋酸化压力较大的区域主要集中在渤海和黄海区域，其次是长三角、浙江沿岸、珠三角和北部湾区附近海域。引起这些区域的海洋酸化现象的原因，主要与富营养化、赤潮、海水养殖产生的生源颗粒矿化分解等问题密切相关。此外，水动力条件不活跃和水体层化也是其酸化形成的一个重要原因。目前这种黑色循环在中国的渤海、黄海海域表现得尤为明显。图 5-10 表示 2010 年、2015 年

和 2020 年中国近海海水文石饱和度月均值最小值空间分布。随时间变化，渤海区域表层海水的文石饱和度呈现显著的下降趋势，表明海洋酸化程度呈显著上升。图 5-11 表示 2010 年、2015 年和 2020 年中国近海海水文石饱和度月均值最大值空间分布，渤海区域表层海水的文石饱和状态下降明显。从 1982—2020 年中国近海平均表层海水文石饱和度的逐月时序变化看（图 5-12），中国近海平均表层海水文石饱和状态呈明显的月周期性变化，波峰出现在夏季，波谷在冬季。1982—2020 年，中国近海平均表层海水文石饱和状态整体呈下降趋势，海洋酸化水平呈上升趋势。根据回归公式可以看出，回归系数显示为 -2.04×10^{-5}，表明研究期内中国近海平均表层海水文石饱和状态正在以 2.04×10^{-5} 的速度呈显著性逐

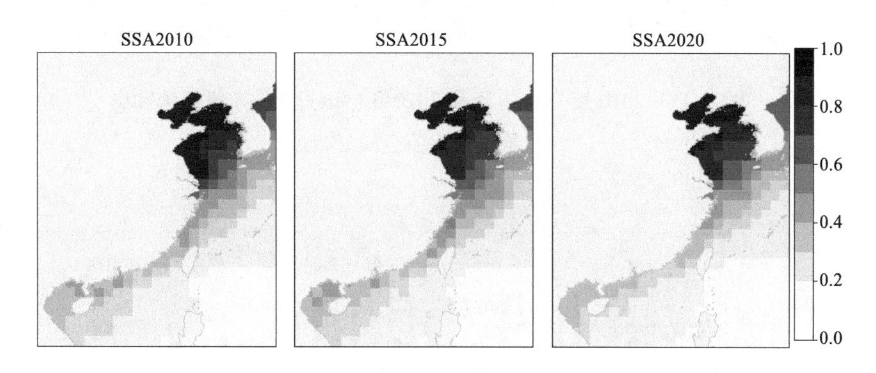

图 5-9　2010 年、2015 年和 2020 年中国近海表层海水文石饱和度月均值空间分布（标准化后）

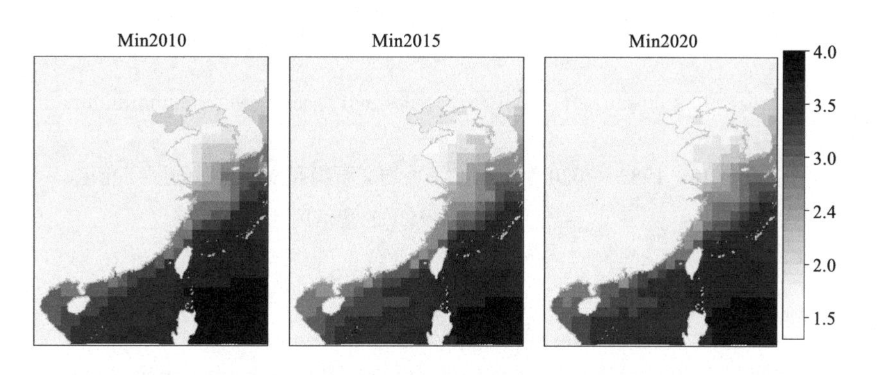

图 5-10　2010 年、2015 年和 2020 年中国近海海水文石饱和度月均值最小值空间分布

月线性递减（$P < 0.001$）。可以看出，本节中，中国近海海洋酸化空间分布和变化趋势结果与《中国气候变化海洋蓝皮书（2021）》呈现结果基本吻合，能够较为真实地反映中国近海海洋酸化对海洋生态系统的压力影响。

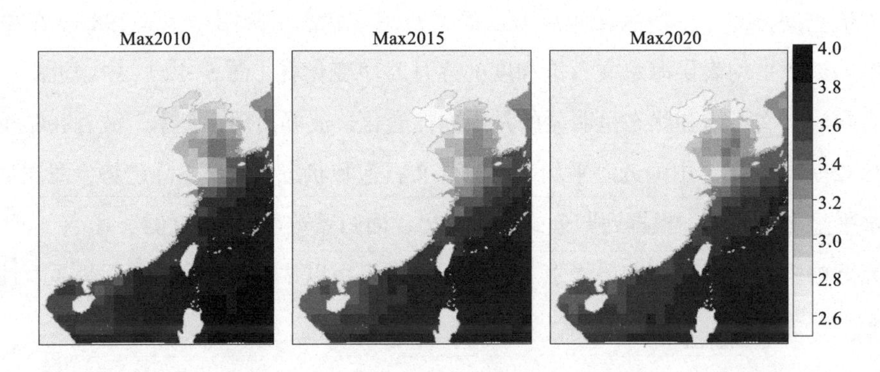

图 5-11　2010 年、2015 年和 2020 年中国近海海水文石饱和度月均值最大值空间分布

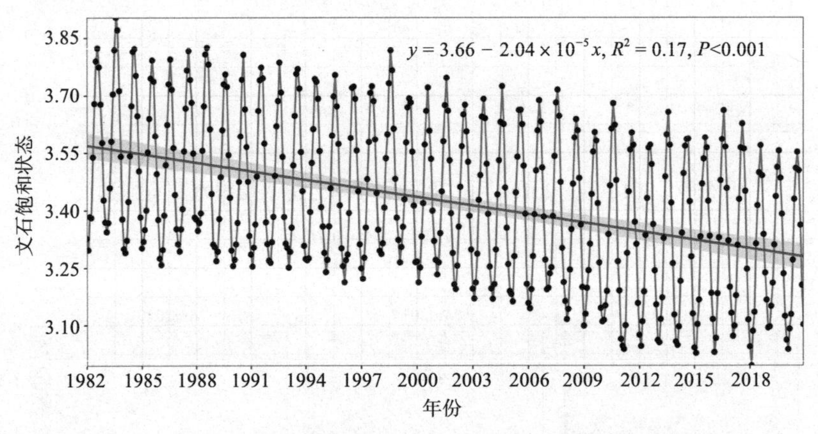

图 5-12　1982—2020 年中国近海平均文石饱和度逐月时间序列变化（灰色区域表示 95% 的置信区间）

5.3.3　讨论

随着海洋酸化对海洋生态系统的压力影响程度不断升级，海洋酸化及其生态效应的监测已成为国内外学者的关注热点。目前中国海洋酸化及生态效应的研究

才起步不久，且尚未建立系统的观测方法及观测体系。关于海洋酸化的衡量仍存在许多未知和不确定性，尤其缺乏长期现场监测和经实地调查验证的结果，这对于定量评估中国近海海洋酸化及生态效应具有较大挑战。本节中，采用文石饱和度衡量海洋酸化对中国近海海洋生态系统的压力影响。尽管当前使用数据空间分辨率相对较低（缺少高精度空间数据），且难免会造成较大误差，尤其是对于岸线附近海域。此外，文石饱和度是影响生长速率的一个重要因素，但它可能不是唯一的因素。由于缺乏全球性和区域性的空间数据，该模型未能考虑到其他因素影响，如光照和水质等。总的来讲，本节中的结论基本上反映出了中国近海海洋酸化影响的空间分布规律和海洋酸化程度的变化趋势。相较于其他同类研究，翟惟东等（2014）通过调查研究发现，黄海海域在 2011—2012 年多次观测到底层连片出现海水文石饱和度小于 2.0 的酸化现象，其中秋季最为严重，底层水体 pH 值低至 7.79 ~ 7.90，特别是在黄海中部，底层海水文石饱和度最低值仅为 1.0，已达到生物钙质骨骼和外壳溶解的临界点；而在黄海北部西侧海域，甚至表层水体也出现了文石饱和度小于 2.0 的现象，最低值为 1.5（翟惟东等，2012）。黄海北部酸化问题已相当突出。此外，翟惟东等（2018）对 2011 年夏季渤海西北部、北部近岸海域的底层耗氧与酸化进行了研究。研究结果表明，渤海西北部、北部近岸海域在 2011 年 8 月出现底层溶解氧显著下降且酸化的现象，相应 pH 值为 7.64 ~ 7.68，比 6 月降低 0.16 ~ 0.20，pH 值最大降幅可达 0.29（翟惟东，2018）。可以看出，渤海和黄海是中国近海海洋酸化的热点区域。

5.4　本章小结

气候变化，包括海平面上升、海水温度升高和海洋酸化等影响着全球的海洋，近海海洋生态系统往往会伴随着气候变化而做出响应，这种突发性、非线性的变化所造成的生态风险也随之不断增加。本章节通过文献和遥感数据库收集中国近海海洋高温热浪、海平面高度异常和海洋酸化遥感观测和再分析数据。主要运用 R4.1.1 工具分别对海洋高温热浪强度、海平面高度异常和文石饱和度进行空间数据处理和时空可视化分析。研究结果表明，1982—2020 年，中国近海海洋高温热

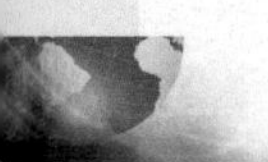

浪强度整体呈上升趋势。中国近海海洋高温热浪发生高频区主要集中分布在渤海、江苏外海、长江口和海南岛周边海域。其中，北部湾附近海域海洋高温热浪发生次数最频繁。1993—2020年，中国近海海平面高度异常整体呈上升趋势。海平面高度异常值相对较高的海域主要分布在渤海、连云港和日照沿岸附近海域、杭州湾、厦门湾和北部湾，且海平面高度异常有明显上升趋势。1982—2020年，中国近海平均表层海水文石饱和状态整体呈下降趋势，海洋酸化水平呈上升趋势。其中，渤海区域表层海水的文石饱和度呈现显著的下降趋势，海洋酸化程度显著加剧。

第6章 中国近海海洋生态系统累积压力影响评价

6

从长远来看，多重人类活动压力因素共同作用可能足以将严重污染区域脆弱的海洋物种、种群或生态系统推向边缘，并可能对受影响的生态系统及其服务功能产生不利影响。当人类活动直接威胁造成的热点与气候变化引起的热点重叠时，人类活动对海洋生态系统的直接影响和气候变化的负面影响将会加剧，尤其是对脆弱物种或区域亚种群。基于前几章节对陆源污染、海洋活动和气候变化因子压力强度的时空可视化分析结果，本章主要揭示多重人类活动对中国近海海洋生态系统的胁迫程度，探究中国近海海洋生态系统内部人类活动压力因子的构成。首先通过专家问卷打分的方式确定人类活动对海洋生态系统的压力影响权重分数（即，生态系统脆弱性分数），然后结合生态系统脆弱性矩阵，运用累积压力影响模型空间量化2010年、2015年和2020年的中国近海海洋人类活动累积压力暴露度和海洋生态系统累积压力影响程度；从时间和空间上分别呈现了2010—2015年、2015—2020年和2010—2020年的海洋人类活动累积压力暴露度和海洋生态系统累积压力影响度的空间变化差异度；运用空间统计分析法获得人类活动压力因子对各海洋生态系统以及五大海湾生态系统压力总累积影响度的贡献比例。

6.1 材料与方法

6.1.1 数据处理

本研究中，我们假设所有的空间数据被均匀地分布在1 km × 1 km大小的

栅格中。对于分辨率相对较低的空间数据，如叶绿素 *a* 浓度、海平面高度异常和海洋酸化等，对其首先进行重采样处理，以确保所有空间数据分辨率为 1 km × 1 km。此外，为统一计算标准而更好地进行比较以及计算，消除数据异常值的影响并避免对中值部分的低估，我们首先需要对 14 个人类活动压力因子均进行对数转换［ln（x+1）］（海洋高温热浪、海平面高度异常、海洋酸化和渔业捕捞数据除外）；然后以数据分布的 99 分位数作为上限值进行 0 ～ 1 标准化；最后再使用标准化后的栅格图层进行加总求和分析（Halpern et al., 2008; Halpern et al., 2009a; Halpern et al., 2009b; Halpern et al., 2019; 江曲图，2021）。中国近海海洋生态系统累积压力影响评价模型如图 6-1 所示。

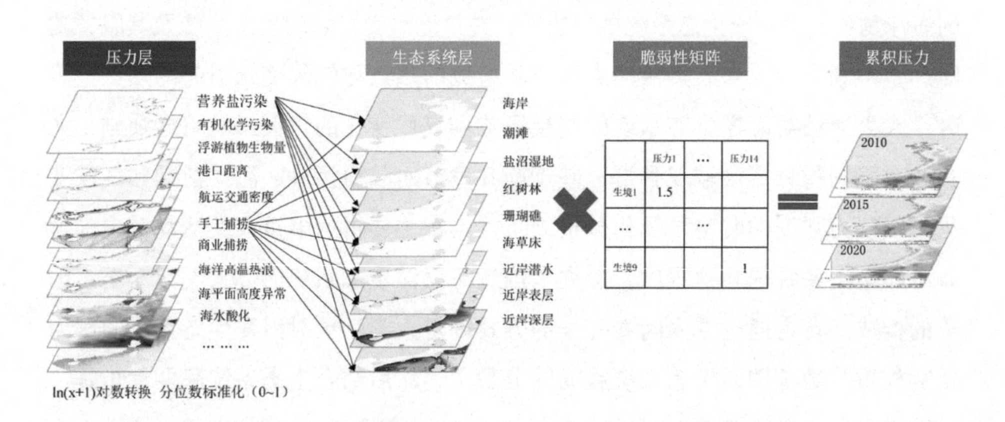

图 6-1　中国近海海洋生态系统累积压力影响评价模型

6.1.2　权重确定

人类活动对中国近海海洋生态系统的影响权重构成海洋生态系统脆弱性矩阵（图 6-2）。考虑到不同国家现实情况存在一定差异，不同国家的海域生态系统的脆弱性也会有所不同。因此，对于本研究中权重的设置，我们运用专家打分法进行确定（问卷详情见附录）。关于评判人类活动对近海海洋生态系统的影响程度，问卷从污染或威胁事件影响的面积大小和人类活动对近海海洋生态系统的功能性、抗性和弹性影响的四个方面给出判断依据（具体参考附录），每位专家需要从这四个方面分别对各项人类活动类型对应的海洋生态系统类型给

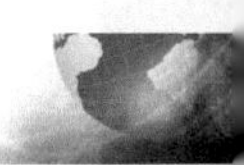

出评分（Halpern et al., 2007; Halpern et al., 2008）。此次问卷的填写邀请到了来自厦门大学海洋与海岸带发展研究院、上海交通大学海洋学院、自然资源部第一海洋研究所、自然资源部第三海洋研究所和国家海洋监测环境中心等 8 所相关教育和科研单位的科研人员，涉及研究领域涵盖海岸带综合管理、渔业资源管理、海岛开发与保护、国土空间规划与生态系统修复、环境管理等。在问卷收集完毕后，首先对问卷结果进行了相关预处理，包括采用算数平均数的方法将四个脆弱性分数合并为一个权重分数等（Halpern et al., 2007）。然后将其结果与相关研究中的权重矩阵结果做了比较（Halpern et al., 2008; Halpern et al., 2019; 江曲图等，2021），针对权重结果相差较大的数值，再次通过使用算数平均数的方法对权重分数进行修正处理，最终获得如图 6–2 所示的基于专家知识的生态系统脆弱性矩阵。

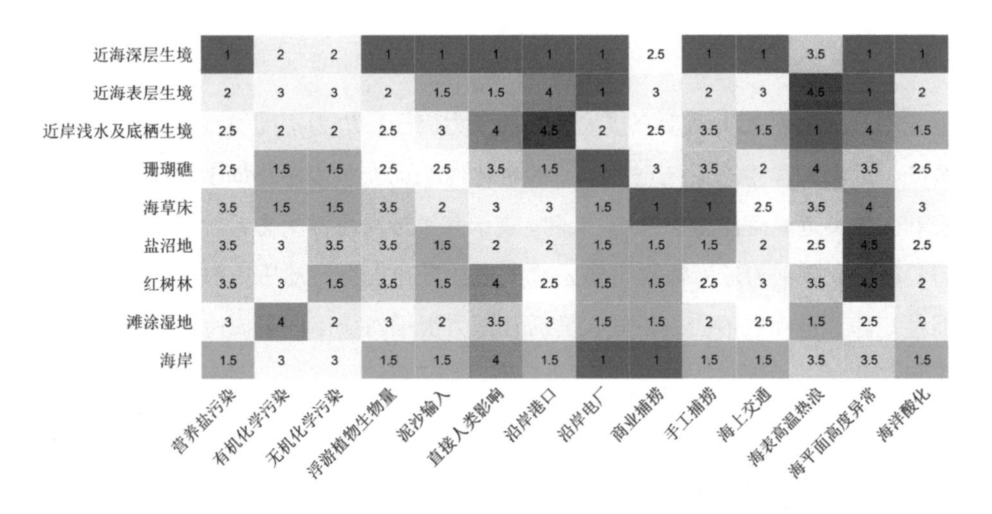

图 6–2　基于专家知识的生态系统脆弱性矩阵

6.1.3　评价模型

在本节中，运用 Halpern 等（2008）提出的空间量化模型，基于 9 种海洋生态系统类型对于压力源的脆弱性矩阵，动态评估了 14 个直接和间接人类活动压力因子对中国近海海洋生态系统的累积效应影响。按照江曲图等（2021）的做法从近海海洋人类活动累积压力暴露度和海洋生态系统累积压力影响度两个方面对其进行评价。我们将中国近海海洋研究区范围划分为 1 km × 1 km 大小的栅格，海洋人类活动累积压力暴露度就表示为各个单元格所呈现的压力因子大小的总和。而近海海洋生态系统累积压力影响度表示为各个单元格呈现的压力因子对其不同海洋生态系统类型的影响力大小的总和（江曲图等，2021）。前者衡量的是多种人类活动压力源的线性叠加，后者考虑生态系统脆弱度下的多重压力影响度，I_{EP} 和 I_c 计算公式分别为：

$$I_{EP}=\sum_{i=1}^{n}D_j \tag{6-1}$$

$$I_s=\frac{1}{m}\sum_{i=1}^{n}D_j\times E_i\times\mu_{ij} \tag{6-2}$$

$$I_c=\sum_{i=1}^{n}I_s \tag{6-3}$$

上式中，D_j 表示人类活动直接或间接的压力因子；E_i 为不同类型近海海洋生态系统，近海海洋生态系统空间分布的量化以二元变量表示，即 1 和 0 分别表示有和无该类近海海洋生态系统；i 和 j 表示某类近海海洋生态系统和人类活动压力；m 和 n 分别为近海海洋生态系统类型数目和人类活动压力因子数；μ_{ij} 为脆弱性矩阵，矩阵数值代表不同人类活动压力因子对应不同近海海洋生态系统的影响权重。

6.2 评价结果

6.2.1 中国近海海洋人类活动累积压力暴露度

图 6-3 表示 2010 年、2015 年和 2020 年中国近海海洋人类活动累积压力暴露度空间分布以及盖姆斯 – 霍威尔（Games-Howell）组间差异显著性检验结果。从图 6-3 的（a）（b）（c）可以看出，2010 年、2015 年和 2020 年人类活动累积压力暴露度的值域分别为 1.3 ~ 10.16、1.06 ~ 9.53 和 0.99 ~ 9.63。根据值域

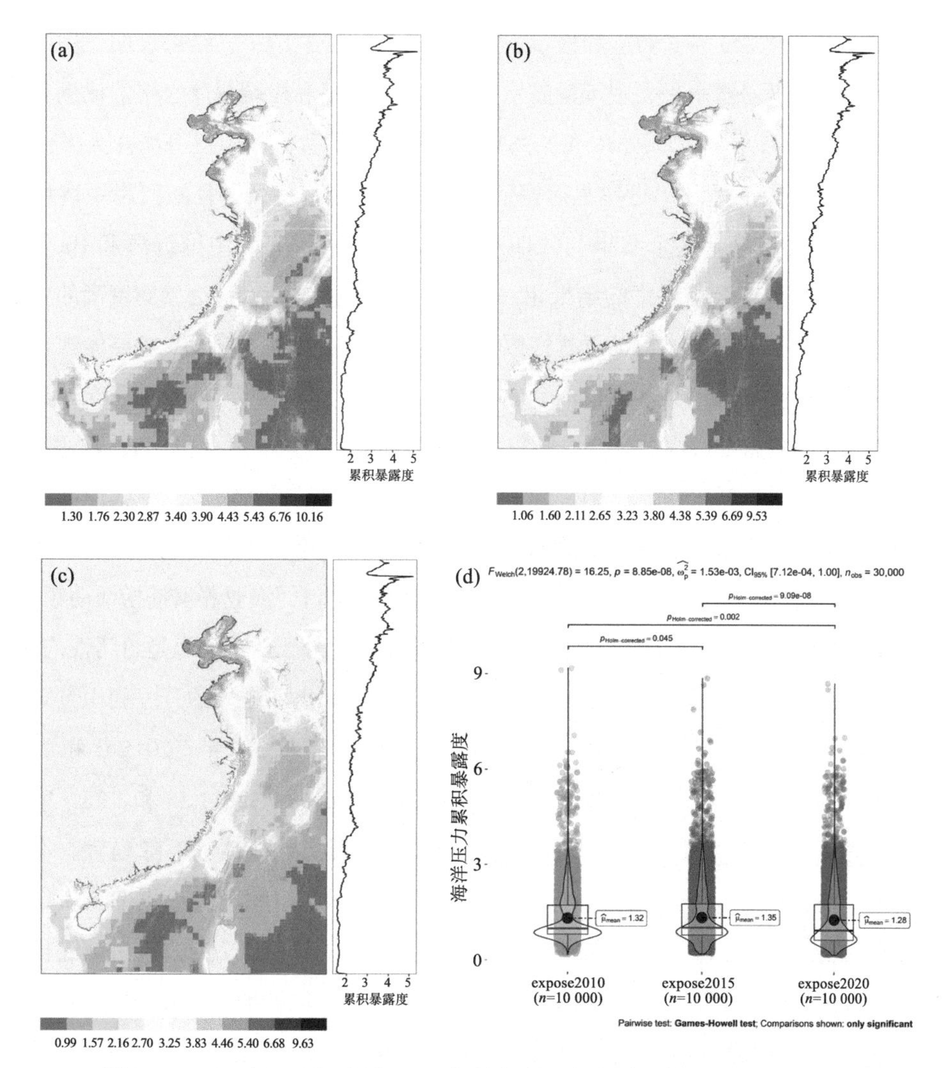

图 6-3　2010 年、2015 年和 2020 年的中国近海海洋人类活动累积压力暴露度空间分布及差异显著性检验

(a) 2010 年；(b) 2015 年；(c) 2020 年；(d) 差异显著性

范围可以看出，研究期内中国近海所有海域均在不同程度上遭受到了人类活动的影响。除此之外，为进一步分析海洋人类活动累积压力暴露度状况，我们采用标准差方法将专属经济区范围海域内 3 个时间段的平均人类活动累积压力暴露度数值划分为 4 个不同水平：低暴露水平（0.72 ~ 1.83）、中等暴露水平（1.83 ~ 2.43）、

高暴露水平（2.43 ~ 3.47）和极端暴露水平（3.47 ~ 9.67）。结果表明，中国近海海洋处于低暴露水平、中等暴露水平、高暴露水平和极端暴露水平的比例分别是 40.18%、31.98%、22.46% 和 5.38%。在空间尺度上，中国近海海洋人类活动累积压力暴露度呈现出近岸显著高于外海的空间分布特征，且随离岸距离增加而减小变化趋势。这个结果与江曲图等（2021）所研究的中国近海和 Halpern 等（2019）研究全球尺度的结果相一致。分析近岸人类活动压力暴露度高的主要原因是近岸海域受人类活动干扰性因素较多，且干扰性程度较强，主要体现在近岸海域地区受陆源污染和港口活动的压力强度较大。从局部海域看，海洋人类活动累积压力暴露度较高的区域主要集中在渤海湾、辽东湾、莱州湾、威海、青岛、日照、连云港、长江口、舟山、闽三角、珠三角和北部湾等海域。究其原因，这些地区中大部分属于中国东部沿海经济发达区域，城市化水平相对较高，人类密度较大的特征。此外，这些地区均拥有中国的重要港口，渔业养殖捕捞活动频繁，污染风险大，从而具有较高的海洋压力暴露水平。此外，由于渤海是封闭性内海，年降水量少，水体的交互作用和稀释作用差，加之人类不合理的开发利用方式，导致渤海地区海洋环境污染严重。从时间尺度上来看，2010 年、2015 年和 2020 年的中国近海海洋人类活动平均累积压力暴露度分别为 1.32、1.35 和 1.28，中国近海海洋人类活动累积压力暴露度呈现先上升后下降，整体呈下降趋势。本研究中，为检验 2010 年、2015 年和 2020 年的人类活动累积压力暴露度均值是否存在差异显著性，分别对三期中国近海海洋人类活动累积压力暴露度进行随机采样 10 000 个点，然后采用 Bartlett 方差齐性检验，结果显示，当 $\alpha=0.05$，P 值远远小于 α，结果拒绝原假设，表明不符合方差齐性。在组间方差不齐的情形下，我们进一步采用 Games-Howell 进行组间均值的差异显著性检验。由从 6-3（d）结果显示可以看出，2010 年、2015 年和 2020 年的人类活动累积压力暴露度通过差异显著性检验（$P<0.001$），其结果具有可信度。

图 6-4 表示中国近海海洋人类活动累积压力暴露度空间差异变化。在 2010—2015 年节点时间段中，中国近海海洋人类活动累积压力暴露度上升幅度较大的区域主要集中在渤海、青岛、日照、江苏和浙江沿岸、厦门湾、珠江口和北部湾等近岸海域。在 2015—2020 年节点时间段中，渤海、珠江口和北部湾海洋累积压

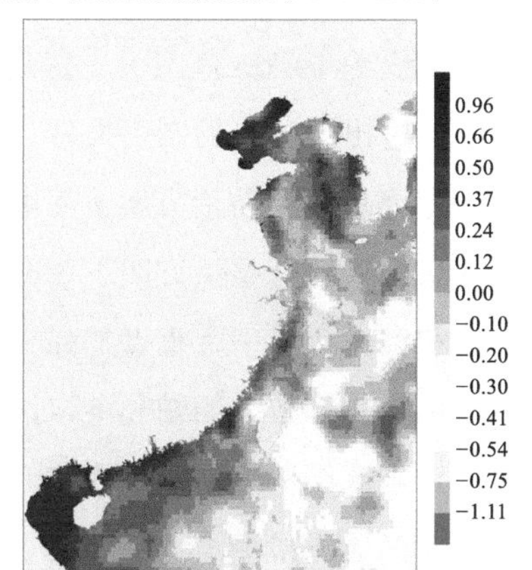

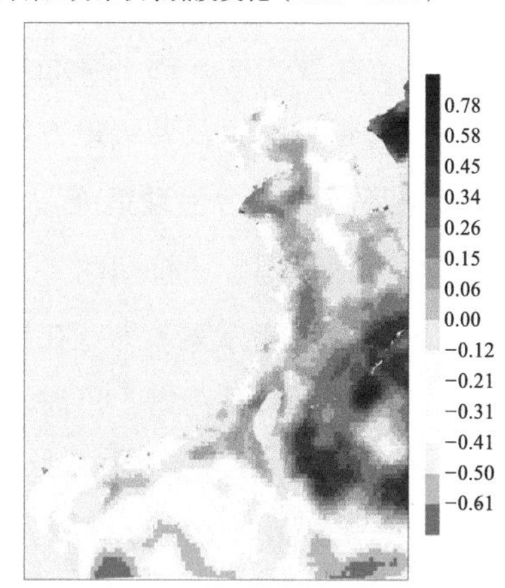

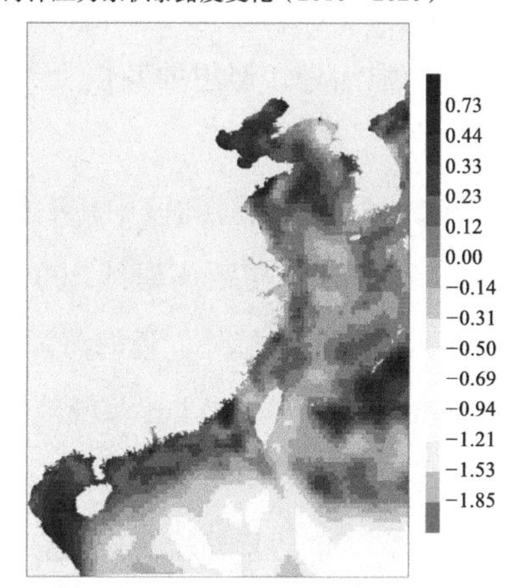

图 6-4　2010—2015 年、2015—2020 年和 2010—2020 年中国近海海洋人类活动累积压力暴露度空间差异变化

力暴露度明显下降。而青岛、日照、连云港、舟山群岛、海南岛东北部以及台湾西侧海域海洋累积压力暴露度有所增加。渤海人类活动累积压力暴露度的降低与政府强力实施《渤海综合治理攻坚战行动计划》的成效密切相关，该行动计划具体包含了陆源污染治理行动、海域污染治理行动、生态保护修复行动和环境风险防范行动四大攻坚行动。从政府治理成效来看，2020 年渤海近岸海域达到优良水质的面积比例达到 82.3%，相较于 2018 年增加了 16.9%，这一数据比攻坚战目标要求的 73% 高出 9.3%。根据本研究结论同样可以看出，渤海湾综合治理已经凸

显实效。从整体来看，相较于2010年，2020年中国近海海洋人类活动累积压力暴露度总体上呈较为明显的下降趋势（距离岸线约10 km范围）。究其原因，主要得益于近年来国家及各级地方政府部门通过出台相应的制度文件，加强了对近岸海域环境的综合治理措施。如，《近岸海域污染防治方案》《渤海综合治理攻坚战行动计划》《杭州湾（宁波）区域污染综合整治方案》《福建省近岸海域污染防治实施方案》等。在这些措施和实施计划中，重点加强了近岸海域对入海河流、入海排污口、沿海城市地区污染物排放、船舶和港口污染以及近岸海水养殖污染的监管、整治和防控，使海洋陆源污染从源头上得到有效控制，对近岸海洋生态环境的改善发挥了关键性的作用。从局部区域看，渤海、青岛、日照、浙江沿岸、厦门湾及珠江口等海域人类活动累积压力暴露度仍较2010年有所上升。这表明海洋环境状况和生态系统恢复具有较长周期，尽管政府已经采取相应措施对重点海域环境加强治理，但想要其恢复到2010年以前的状态或自然状态仍存有较大困难。

从整体上看，在2010—2015年节点时间段中，中国近海海洋人类活动累积压力暴露度上升的区域主要集中分布在距离岸线100 km范围内。而在2015—2020年节点时间段中，除连云港附近海域外，近海海洋人类活动累积压力暴露度增幅较大的区域主要集中分布在100 ~ 200 km海域范围内。这表明在整个研究期内，中国近海海洋人类活动累积压力暴露度正由近海向外海转移。人类活动对近海海洋所产生的陆源污染影响，包括营养盐污染、有机化学污染、海洋垃圾等正在逐渐消退，而气候变化因素和海上活动对近海海洋生态系统带来的压力却在逐步增强。

图6-5表示中国近海海洋及五大海湾人类活动累积压力暴露度差异。从图6-5（a）可以看出，中国近海海洋人类活动累积压力暴露度由高到低分别是盐沼地、海岸、海草床、红树林、近岸浅水生境、滩涂湿地、珊瑚礁、近海表层生境和近海深层生境。从图6-5（b）可以看出，五大海湾人类活动累积压力暴露度由高到低分别是渤海湾、辽东湾、莱州湾、杭州湾和北部湾。

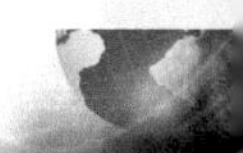

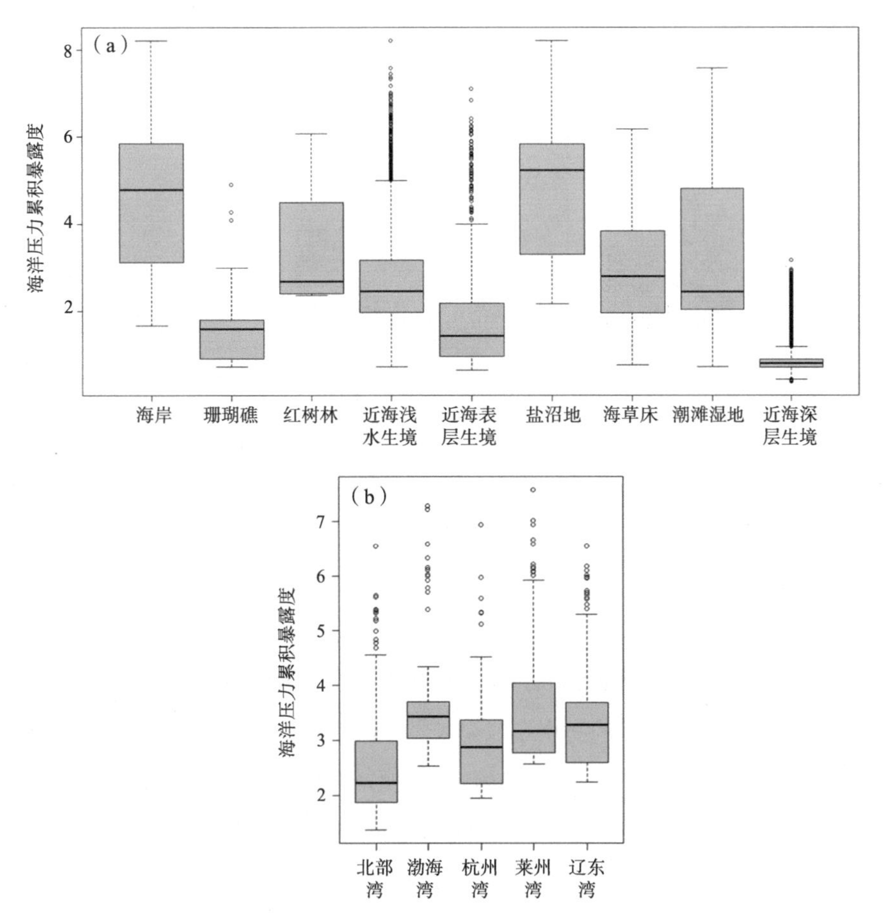

图 6-5　中国近海海洋及五大海湾人类活动累积压力暴露度差异

(a) 中国近海海洋生态系统；(b) 中国五大海湾

6.2.2　中国近海海洋生态系统累积压力影响度

图 6-6 表示 2010 年、2015 年和 2020 年的中国近海海洋生态系统累积压力影响度空间分布情况。从图 6-6 可以看出，2010 年、2015 年和 2020 年的中国近海海洋生态系统累积压力影响度的值域分别为 0 ~ 78.18、0 ~ 81.67 和 0 ~ 78.88。除此之外，为进一步掌握中国近海海洋生态系统累积压力影响状况，我们采用标准差方法将专属经济区范围海域内 3 个时间段的海洋生态系统平均累积压力影响度数值划分为四个不同水平：低压影响（0 ~ 3.12）、中压影响（3.12 ~ 7.56）、高压影响（7.56 ~ 12.01）和极高压影响（12.01 ~ 77.29）。结果表明，中国近

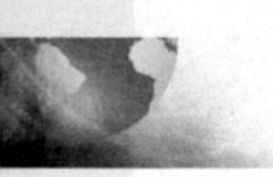

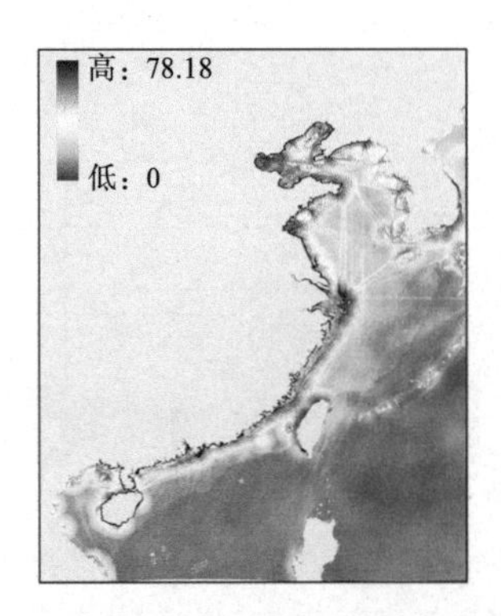

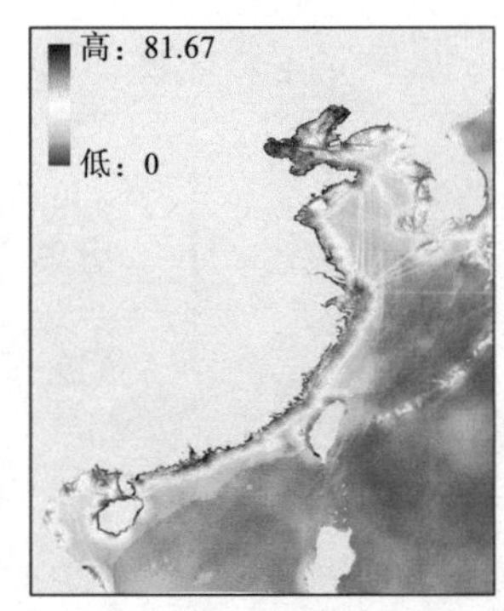

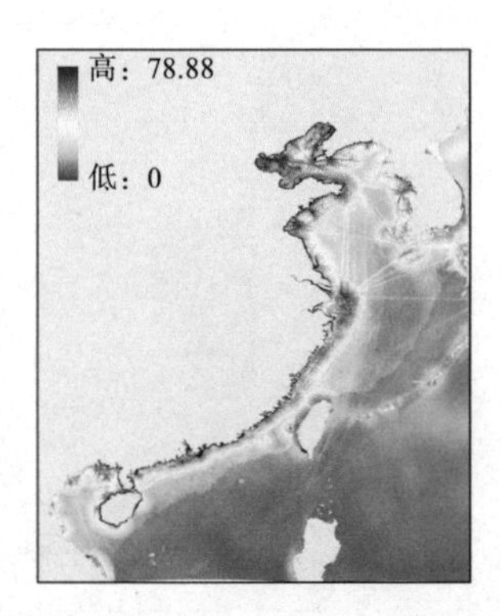

图 6-6 2010 年、2015 年和 2020 年中国近海海洋生态系统累积压力影响空间分布

海海洋生态系统处于低压水平影响、中压影响水平、高压影响水平和极高压水平的比例分别是 37.30%、38.52%、20.01% 和 4.17%。在空间尺度上，中国近海海洋生态系统累积压力影响度表现出近岸明显高于外海，近岸向外海呈现递减的分布特征。究其原因，本研究中所涉及的海洋生态系统多分布在海岸带区域，然而海岸带是人类活动聚集和人口定居的热点地区，同时也是生态环境脆弱、自然灾害频发的区域。中国的海岸岸线全长约 18 000 km，约有 70% 以上的大城市都集中于此，东部沿海地区更是在中国国内生产总值排行中名列前茅，是中国经济活动最活跃、人口聚集程度最高的地区。此外，因气候变化而造成的海平面上升、全球海水变暖以及热带气旋等极端气候事件日渐频繁，导致如风暴潮、海浪、洪涝、岸线侵蚀、台风等海岸带灾害风险正严重威胁着中国近海海洋生态系统的健康，同时也制约着沿海经济社会的发展。据《中国海洋灾害公报（2020）》统计，近 10 年来（2010—2019 年）海洋灾害导致中国沿海地区直接经济损失 1 001.22 亿元，死亡（含失踪）628 人，其中仅 2019 年海岸带灾害造成直接经济损失达 117.03 亿元。在近岸人类活动和气候变化的双重胁迫下，中国近岸海洋生态系统面临着前所未有的压力和挑战。从局部海域看，中国近海海洋生态系统累积压力影响度较高的区域主要集中分布在渤海湾、辽东湾、莱州湾、连云港、长江口、舟山、闽三角、珠三角和北部湾、海南岛周围以及台湾西侧等海域。从时间尺度上来看，2010 年、2015 年和 2020 年 3 个时间节点的海洋生态系统平均累积压力影响度分别为 2.97、3.29 和 3.09，海洋生态系统累积压力影响度呈现先上升后下降、整体上升的趋势。同样地，为检验 2010 年、2015 年和 2020 年的海洋生态系统累积压

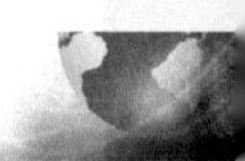

力影响度均值是否存在差异显著性，我们首先分别对三期中国近海海洋生态系统累积压力影响度进行随机采样 1 万个点，然后采用 Bartlett 方差齐性检验，结果显示，当 α=0.05，P 值远远小于 α，结果拒绝原假设，表明不符合方差齐性。在组间方差不齐的情形下，我们同样采用 Games-Howell 进行组间均值的差异显著性检验。图 6-7 可以看出，2010 年、2015 年和 2020 年的中国近海海洋生态系统累积压力影响度通过差异显著性检验（P<0.001），其结果具有可信度。

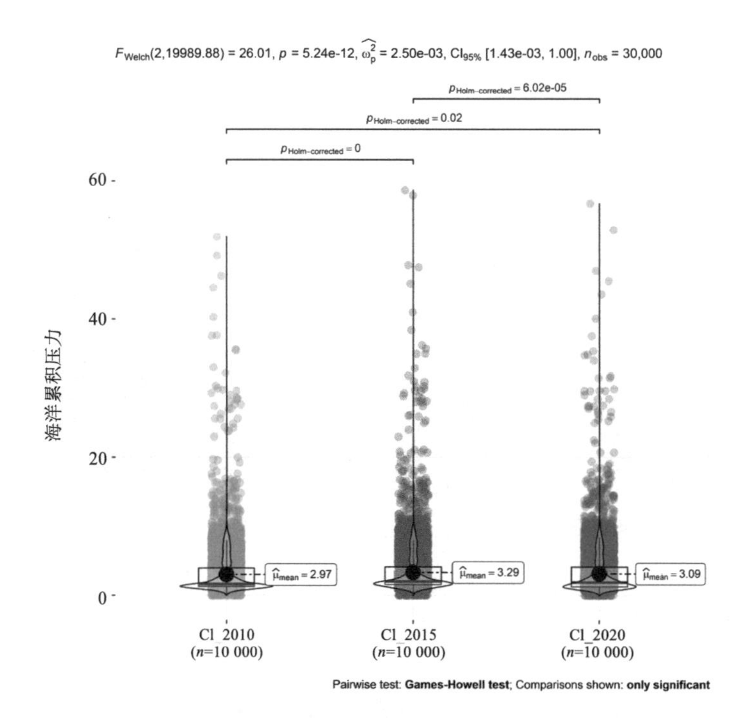

图 6-7　中国近海海洋生态系统累积压力影响差异显著性检验

图 6-8 表示中国近海海洋生态系统累积压力影响度空间差异变化。2010—2015 年，中国近海海洋生态系统的累积压力影响度上升幅度较大的区域主要集中在渤海、日照、江苏和浙江沿岸、厦门湾、珠江口和北部湾等近岸海域。2015—2020 年，渤海湾、江苏北部沿岸、杭州湾、珠江口外侧和北部湾外侧海洋生态系统累积压力影响度出现明显下降。而山东东部、连云港、舟山群岛、海南岛东北部以及台湾西侧海域海洋生态系统累积压力影响度明显增加。整体来看，2010—2020 年，海洋生态系统累积压力显著增加的区域主要集中分布在距离岸线约 10 km

的海域范围内，尤其是浙江、福建、广东、广西及海南西侧沿岸附近的海域。这主要是由于本研究中所涉及评价的近海海洋生态系统类型大部分分布在海岸带区域，海岸带是典型的生态交错带，其生态系统类型丰富多样，相互交错，尤其是在浙江、福建、广东、广西和海南岛沿岸。分布于这些地区的海岸带区域人口密度大，城镇密集，沿岸工业污染突出，海上活动频繁，海岸带环境压力相对较大。各类近海海洋生态系统与多重人类活动压力的重叠交错导致浙江、福建、广东和广西沿岸海域具有较高强度的人类活动压力影响值。

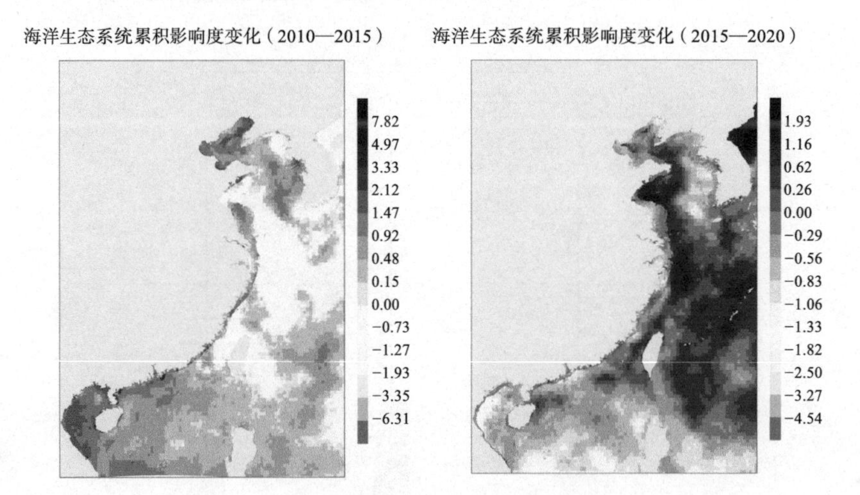

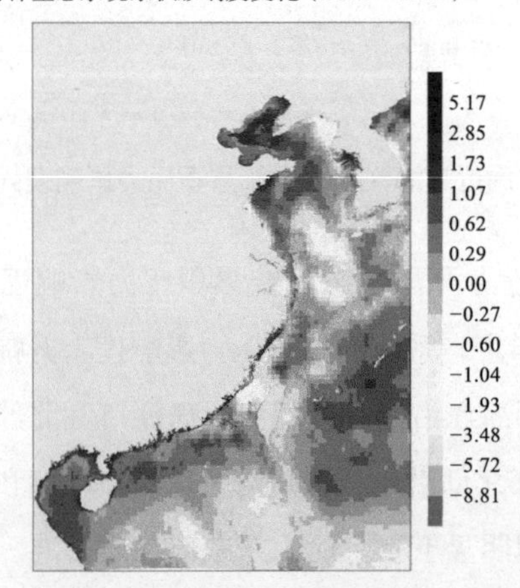

图 6-8 2010—2015 年，2015—2020 年和 2010—2020 年中国近海海洋生态系统的累积压力影响度空间差异变化

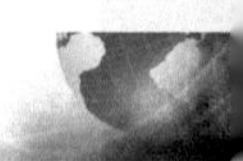

图 6-9 表示中国近海海洋及五大海湾生态系统累积压力影响差异。从图 6-9（a）可以看出，中国近海海洋生态系统累积压力影响度由高到低分别是盐沼地、海岸、红树林、近岸浅水生境、滩涂湿地、海草床、近海表层生境、珊瑚礁和近海深层生境。从图 6-9（b）可以看出，五大海湾生态系统累积压力影响度由高到低分别是渤海湾、辽东湾、莱州湾、杭州湾和北部湾。

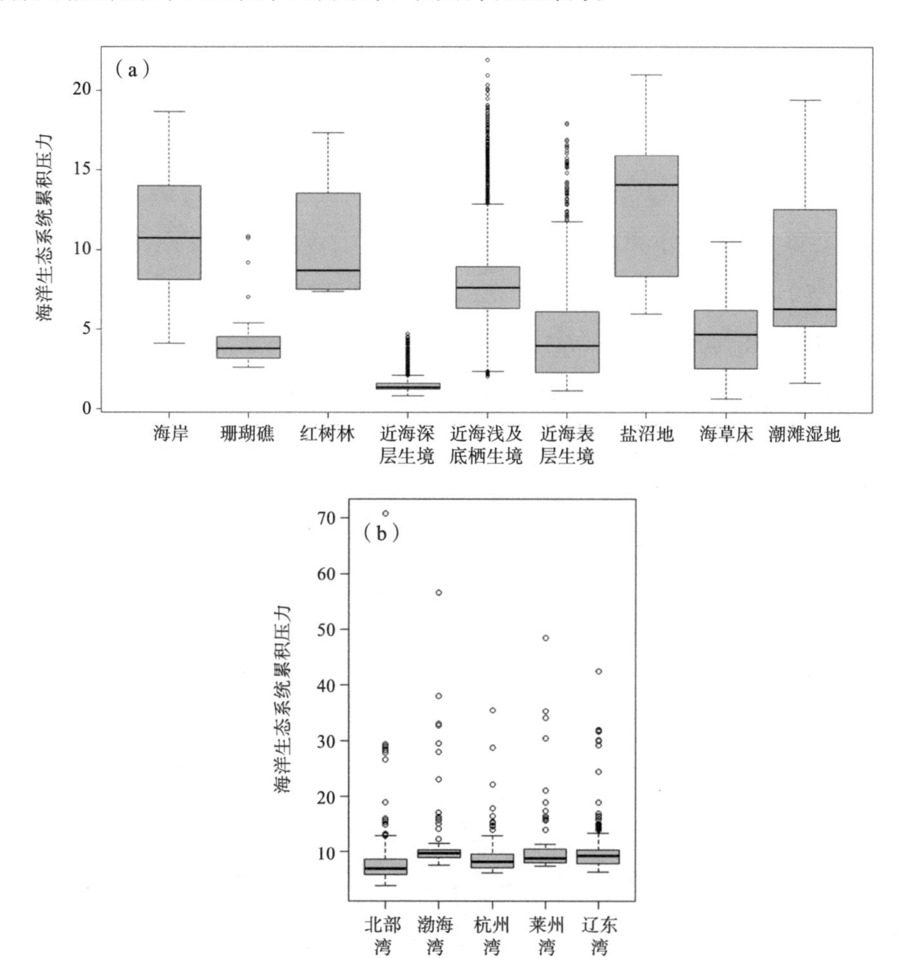

图 6-9　中国近海海洋及五大海湾生态系统累积压力影响度差异

(a) 中国近海海洋生态系统；(b) 中国五大海湾

图 6-10 表示中国近海海洋生态系统内部的各个人类活动压力源占比情况。对中国整体近海海洋生态系统影响程度最深的 5 种压力源是海洋高温热浪

（29.42%）、沿岸港口（21.81%）、海平面高度异常（17.97%）、海上交通（14.95%）和海洋酸化（7.73%）。具体来看，对于海岸生态系统而言，直接人类影响（19.65%）、沿岸港口（19.26%）、海平面高度异常（11.96%）、有机化学污染（8.94%）和无机化学污染（8.79%）；对于潮滩湿地生态系统而言，沿岸港口（30.45%）、海平面高度异常（13.72%）、有机化学污染（8.55%）、浮游植物生物量（7.22%）和无机化学污染（6.67%）；对于红树林生态系统而言，沿岸港口（21.34%）、海平面高度异常（13.72%）、有机化学污染（10.41%）、直接人类影响（9.88%）和营养盐污染（9.72%）；对于盐沼地生态系统而言，沿岸港口（21.40%）、海平面高度异常（11.67%）、无机化学污染（11.34%）、营养盐污染（10.02%）和有机化学污染（9.86%）；对于海草床而言，沿岸港口（30.93%）、海平面高度异常（15.90%）、海洋高温热浪（10.33%）、海上交通（7.87%）和营养盐污染（6.58%）；对于珊瑚礁生态系统而言，海平面高度异常(30.05%)、沿岸港口(29.28%)、海洋高温热浪(15.13%)、海洋酸化(4.08%)和沉积物（3.96%）；对于近海浅层生境而言，沿岸港口（40.34%）、海平面高度异常（21.85%）、浮游植物生物量（6.54%）、海洋酸化（6.04%）和海洋高

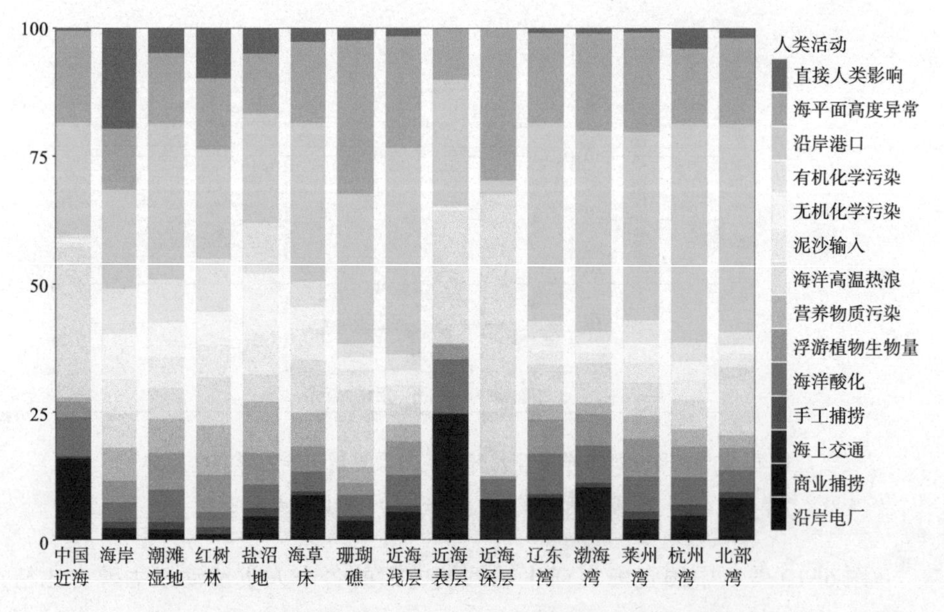

图 6-10　中国近海海洋生态系统内部的各人类活动压力源占比

温热浪（4.20%）；对于近岸表层生境而言，海洋高温热浪（25.95%）、沿岸港口（24.60%）、海上交通（23.37%）、海洋酸化（10.45%）和海平面高度异常（10.03%）；对于近海深层生境而言，海洋高温热浪（55.29%）、海平面高度异常（29.76%）、海上交通（7.54%）、海洋酸化（3.97%）和商业渔业捕捞（2.57%）。总的来讲，中国沿海海洋生态系统主要受陆源污染、渔业捕捞等人类活动压力因子影响，而外海则主要受气候变化及海上航运等影响，其中气候变化对中国近海海洋生态系统造成的压力影响表现最强烈。

对辽东湾生态系统影响程度最大的3种压力源为沿岸港口（38.73%）、海平面高度异常（17.59%）和海洋酸化（7.96%）；对于渤海湾而言，人类活动占比前三的类型分别为沿岸港口（39.25%）、海平面高度异常（19.11%）和海上交通（9.40%）；对于莱州湾而言，占比前三的类型分别为沿岸港口（36.73%）、海平面高度异常（19.52%）和浮游植物生物量（7.45%）；对于杭州湾而言，占比前三的类型分别为沿岸港口（42.77%）、海平面高度异常（14.60%）和浮游植物生物量（6.06%）；对于北部湾而言，占比前三的类型分别为沿岸港口（40.67%）、海平面高度异常（16.82%）和海洋高温热浪（13.35%）。总体而言，中国五大海湾的生态系统均面临的一个较大压力是沿岸港口，其对近海海洋生态系统的累积压力影响度贡献度最大。其次是气候变化因素中的海平面高度异常和海洋高温热浪。对于莱州湾和杭州湾而言，富营养化及营养盐失衡所带来的环境压力影响相对较大。

6.2.3 讨论

在本小节中，使用基于不同权重的线性可加模型对中国近海海洋生态系统累积压力效应影响进行空间量化分析。通过与江曲图等（2021）的研究结果对比，中国近海海洋人类活动累积压力暴露度和海洋生态系统累积压力影响度空间分布结果大体上一致。在他们的研究结果中，中国近海分别有22.8%和7.6%的海域受影响程度较高和极高（江曲图等，2021）。而在本研究中，中国近海分别有20.01%和4.17%的海域受影响程度高和极高。通过结果对比可以看出，两个结果相差并不是特别大。此外，江曲图等（2021）的研究结果还显示，海洋人类活动

累积压力影响度平均贡献度较高的压力因子为海洋热浪（19.56%）、海平面上升（19.44%）、海洋酸化（19.22%）和海洋航运（16.79%）（江曲图等，2021）。在本研究中，结果为海洋高温热浪（29.42%）、沿岸港口（21.81%）、海平面高度异常（17.97%）、海上交通（14.95%）和海洋酸化（7.73%）。通过对比可以看出，对中国近海海洋生态系统累积压力的主要贡献因子类型基本一致，而造成结果差异的主要原因在于数据来源、权重获取方式及研究时间尺度等。另外，在模型应用方面，不同人类活动压力因子之间的相互作用可以是加性的，也可以是非加性的。当人类活动压力因子的累积效应大于单个因子对生态系统的影响效应时，人类活动压力源被视为协同效应；当人类活动压力因子的累积效应小于单个因子对生态系统的影响效应时，人类活动压力源被视为拮抗效应。事实上，现实中有许多非线性关系的例子，比如当压力超过某个生态系统阈值的时候。但目前我们对于大多数生态系统是否存在或在哪里存在这样的临界点却知之甚少（Clark et al., 2016）。因此，只能将线性累加模型作为默认选项。在未来的研究中，将进一步探讨多重压力的非线性累积或拮抗生态效应，构建非线性累积压力空间量化模型，同时强化对人类活动压力因子的拮抗生态效应的分析。此外，在权重赋权方法上，本研究通过专家打分法获取权重矩阵，该方法获取结果具有一定主观性。未来将考虑使用主成分分析法或因子分析法的权重确定方式，探索使用主客观相结合的科学赋权方式，使评估结果更为客观、准确。最后，以生态系统脆弱性矩阵和累积压力影响模型为基础，可以进行简单的情景分析，包括不同用海模式和不同碳排放情景下的中国近海海洋生态系统累积压力影响的变化研究。

6.3 本章小结

本章通过运用专家打分法确定了不同中国近海海洋生态系统类型对应不同人类活动压力因子的脆弱性矩阵，然后结合生态系统脆弱性矩阵，借助 ArcGIS10.2 工具，运用累积压力影响空间量化模型对 2010 年、2015 年和 2020 年的中国近海海洋人类活动累积压力暴露度和海洋生态系统累积压力影响度进行了评估。试图揭示人类活动对中国近海海洋生态系统的胁迫程度，以及中国近海海洋生态系统

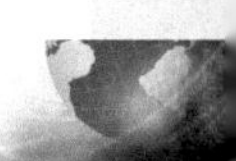

中人类活动压力因子的构成问题。研究结果表明，2010 年、2015 年和 2020 年的中国近海海洋人类活动平均累积压力暴露度分别为 1.32、1.35 和 1.28，海洋人类活动累积压力暴露度呈现先上升后下降、整体下降趋势。在 2015—2020 年，渤海海域人类活动累积压力暴露度呈现下降趋势，尤其是近岸下降最为明显。渤海综合治理成效显著。中国近海海洋人类活动累积压力暴露度由高到低分别是盐沼地、海岸、海草床、红树林、近岸浅水生境、滩涂湿地、珊瑚礁、近海表层生境和近海深层生境。中国五大海湾人类活动累积压力暴露度由高到低分别是渤海湾、辽东湾、莱州湾、杭州湾和北部湾。2010、2015 和 2020 年的中国近海海洋生态系统平均累积压力影响度分别为 2.97、3.29 和 3.09，近海海洋生态系统累积压力影响度呈现先上升后下降、整体上升趋势。中国近海海洋生态系统累积压力影响度由高到低分别是盐沼地、海岸、红树林、近岸浅水生境、滩涂湿地、海草床、近海表层生境、珊瑚礁和近海深层生境。中国五大海湾生态系统累积压力影响度由高到低分别是渤海湾、辽东湾、莱州湾、杭州湾和北部湾。对中国近海海洋生态系统压力总累积影响度贡献比例最大的五种人类活动压力因子分别是海洋高温热浪（29.42%）、沿岸港口（21.81%）、海平面高度异常（17.97%）、海上交通（14.95%）和海洋酸化（7.73%）。

7 第7章 基于自然的解决方案：近海海洋生态系统的保护、恢复与可持续管理

2021年7月23日，世界自然保护联盟（International Union for Conservation of Nature，IUCN）正式发布以自然为本的解决方案（Nature-Based Solutions, NbS）的全球标准。NbS的定义为“保护、可持续管理和恢复自然的和被改变的生态系统的行动，能有效和适应性地应对社会挑战，同时提供人类福祉和生物多样性效益”（IUCN, 2016）。相较于传统的工程手段，NbS的应用往往带来生态保护、气候变化的减缓与适应以及社会经济等多重效益。首先，应用NbS有助于恢复生态系统、增强生态系统韧性和人类对气候风险的适应能力。比如，保护红树林有助于固化土壤，防止风暴潮侵袭，减少沿海居民受气候变化可能带来的极端天气的威胁。其次，通过对生态系统的保护、恢复和可持续管理获得的减排增汇量，并提供减缓气候变化的效益。根据大自然保护协会（The Nature Conservancy, TNC）应用全球公开数据进行的研究估算，在NbS路径下，到2030年通过保护和修复中国陆地森林、草原、湿地等生态系统的最大技术减排潜力约为每年15.56亿t二氧化碳当量，成本有效的减排潜力约为6.54亿t二氧化碳当量（UNEP, 2019; 罗明等，2021）。同时，对NbS的扶持将带来许多直接或间接的社会经济效益。据估计，在全球范围内，自然每年提供的生态系统服务的价值约为125万亿美元。另外，推行NbS将有助于规避气候风险带来的公共财政风险、创造新的就业机会、增强韧性并减少贫困。根据Climate Future的统计，仅在欧盟层面，实现保护30%的陆地和海洋的目标可以创造50万个新的工作岗位，新保护区还可以为欧洲带来每年数百万欧元的旅游收入。实现该目标后，对生物多

样性的保护还会进一步为欧洲的渔业和保险业带来每年高达数百亿欧元的收益。针对近海典型海洋生态系统的保护、修复与可持续管理，基于 NbS 是近年来国际社会积极推广传播、付诸实践并已获得突出成果的举措之一，已有大量全球实践项目证明了 NbS 的有效性和可行性。本章结合前几章提出的沿岸地区土壤侵蚀量加大、海岸生态系统人类活动累积压力暴露度高、近海渔业资源过度捕捞、气候变化对近海海洋生态系统压力突出等典型问题，通过案例分析，试图基于 NbS 理念为中国近海海洋生态系统的保护、恢复和可持续管理提供相应借鉴和事实依据。

7.1　基于自然解决方案理念的碳抵消 / 碳补偿机制构建

7.1.1　项目实施概况

本小节中，以西班牙安达卢西亚（Andalusia）的海草床和盐沼湿地两个“蓝碳”生态系统的定量和定价项目为案例进行分析 *。由前文可以看出，在所有生态系统类型中，具有固碳作用的不只是森林生态系统，还有滨海湿地系统，如海草床和盐沼地等，它们在吸收大气层中二氧化碳方面均发挥着重大作用。目前，地中海国家在考虑将“蓝碳”计划纳入应对气候变化战略中，但面临缺乏对“蓝碳”生态系统功能、变化以及政策工具制定等信息了解的问题。如碳抵消框架机制构建问题、如何能够在地方和国家层面更好地发挥海岸带综合环境管理框架的能力等。针对这些问题，Life Blue Natura 项目正在开发设计碳抵消项目所需的工具，并可能将其纳入安达卢西亚的未来气候变化法案中。Life Blue Natura 是欧洲的一个创新型项目，该项目主要是寻求机制、工具和知识，以致于能够解决在利用碳融资机制去改善生态系统管理和恢复项目中所面临的困难和挑战。此外，项目的另一作用是寻求建立一个信任网络，以确保公司和企业能够自愿参与碳市场进行交易，从而达到保护安达卢西亚的蓝色碳汇来最终促进减排的目标。

7.1.2　项目实施目标

Life Blue Natura 项目有助于更好地了解安达卢西亚的地中海波西多尼亚海草

---

*　案例来源：IUCN. Towards Nature-based Solutions in the Mediterranean. 2019.

（Posidonia oceanica）、加的斯（Cádiz）湾的海草床和盐沼的碳储量和碳通量状况。通过调查研究可以进一步明确这些生态系统的碳截留潜力和固碳能力，以及通过对它们的维护、修复或保护可以带来的经济效益。项目存在的挑战主要在于要建立有效的科学方法来测量波西多尼亚海草和盐沼的固碳能力。主要实施目标如下。①弥补安达卢西亚沿岸“蓝碳”生态系统的知识空白，即对已经受损和健康的生态系统的碳排放/吸收比率进行科学研究，通过经济价值核算方式确定“蓝碳”生态系统为减缓气候变化所提供的环境服务并做出大致评价。②将“蓝碳”生态系统纳入应对气候变化的战略中。根据新的区域气候变化法，在安达卢西亚制定包括“蓝碳”生态系统在内的关键法规，实施蓝色碳汇保护战略。③针对维持健康生态系统的现有政策和要求，Life Blue Natura 正在制定安达卢西亚碳信用认证标准。当地工厂可以通过保护盐沼和海草床生态系统，将固碳增汇所产生的碳信用额度用于抵消工业过程中排放的温室气体。项目所起草的碳抵消项目将在安达卢西亚排放补偿系统（SACE）内呈现。

7.1.3 项目实施成效

（1）2016—2018 年，该团队对安达卢西亚指定区域的海草床的碳储量和碳通量进行了测算，然后对研究区海草床空间分布进行绘制，对其动态变化的影响因素进行了分析。经调查，当前安达卢西亚的海草固碳总量约为 $1\ 340 \times 10^4$ t，每年的碳吸收量约为 14 384 t。其中约有 95.5% 的碳汇由波西多尼亚海草贡献。

（2）确定了“蓝碳”项目的定义和标准，以及选择湿地和波西多尼亚海草的具体标准。

（3）在安达卢西亚碳排放补偿系统中，依照（SACE）碳抵消项目，提供一份用于恢复和保护海洋和海岸带生态系统的项目清单。该项目清单可为安达卢西亚地区的海洋生态系统保护项目和海洋生态系统恢复提供资金支持。

（4）该团队通过参加相关主题论坛，并与意大利或希腊等其他欧洲国家的合作伙伴组织专门会议，正在努力将他们的成果、工具和方法分享给其他地区，特别是地中海地区。其他地区也可以采用与该项目相同的方法，包括碳信用认证标准和如何开展对海草和盐沼等“蓝碳”项目的抵消的碳信用认证。

7.2　基于自然解决方案理念的人工湿地创建

7.2.1　项目实施概况

LIFE EBRO-ADMICLIM 项目（ENV/ES/001182）的实施是在易受海平面上升和下沉影响的埃布罗三角洲（Ebro delta）（加泰罗尼亚）地区开展的一项适应和减缓气候变化的试点行动*。该项目始于 2014 年，于 2018 年 5 月结束。埃布罗三角洲是一个国际公认的三角洲湿地地区，在气候变化影响地中海和欧盟国家的过程中，它也被认为是最脆弱的沿海生态系统之一。当前，因海岸带的退化，三角洲湿地和稻田正在逐渐丧失。而造成海岸带退化的主要原因是由于埃布罗河道上游沿岸的大坝建设截留了大量的泥沙，导致下游泥沙输入量过少，现在泥沙流量仅是大坝建设前的 1% ~ 2%。由于海平面上升和地面沉降最终造成三角洲平均高程的下降。从长期来看，无论是海岸带的退化还是三角洲高度的降低，都只能通过增加河道对下游三角洲地区的泥沙输入量，促进湿地和稻田中有机质的生成的方式来对湿地生态系统进行补偿恢复。然而，这种自然过程可以通过环境工程的创新技术来进行改善、优化。

在上述背景下，LIFE EBRO-ADMICLIM 项目通过开发和应用新的适应性策略解决因海平面上升和海岸带退化所造成的三角洲湿地高程的下降问题。此外，该项目的适应性策略还充分考虑到将减少温室气体（GHG）排放目标和增加稻田、湿地碳储量的目标相结合。大量研究表明，水稻种植被认为是温室气体（GHG）排放的一个重要来源，尤其是甲烷（CH_4）的排放。众所周知，在不影响稻田产量的情况下，减少稻田温室气体排放的最有效方法之一是在特定时间让土壤晾干。从这个意义上讲，对于本项目涉及的提高碳储存和湿地高度的适应性策略以及缓解温室气体排放目标而言，土壤有机质的管理是一项重要的工作。

该项目采用一种综合的办法管理水、泥沙和生境（稻田和湿地），并在多个层面起着非常有效的作用，如：①优化三角洲湿地土壤，增加湿地平均高度（通过无机沉积物和有机物质的输入）达到进积作用效果，以弥补海平面上升的相对

* 案例来源：IUCN. Towards Nature-based Solutions in the Mediterranean. 2019.

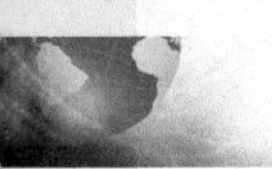

高度（同时考虑到沉降和沉积物流）；②减少海岸带侵蚀；③增加土壤的碳积累（固碳）；④通过适当的稻田管理减少温室气体的排放（稻田可以是碳源，也可以充当碳汇）；⑤人工湿地改善水质。到目前为止，欧洲国家还没有采用这种方法，但在国际上显然是一种创新。

项目实施的主要挑战：①减少灾害风险。需要通过行动去避免海岸带侵蚀和海水倒灌引起的盐水入侵；②水安全。改善农业灌溉用水后的水质，使其回归自然界；③气候变化。通过对稻田采取适当的农业管理措施，减少温室气体排放。

7.2.2 项目实施目标

项目实施的主要目标是在埃布罗三角洲开展应对气候变化的缓解和适应性策略试点行动。该试点行动的重点是水、沉积物和栖息地（稻田和湿地）的综合管理，具体目标包括：①增加湿地地面高度；②减少海岸带侵蚀；③增加湿地土壤的固碳能力；④减少温室气体排放；⑤改善水质。开展试点适应性策略行动的主要任务是将泥沙通过埃布罗河转移到下游的三角洲湿地中（图 7-1）。其目的是通过 CAT 水处理厂和河流下游的水库，证明永久性修复沉积物流的可行性。为了达到这个目的，需要对河流输沙能力进行评估。

图 7-1 向埃布罗三角洲注入泥沙的试点试验（IUCN, 2019）

7.2.3　项目实施成效

在合理的科学范式下成功地将研究和创新目标与实际应用相结合（基于自然的解决方案）。根据项目实施过程，最终取得的项目效果有：①有效整合了由不同机构组成的复杂群体，如研究机构、大学教育机构、公共管理部门、水资源管理人员、私营公司、当地居民等；②与当地水稻部门和灌溉社区以及旨在保护埃布罗三角洲的非政府组织进行了强有力的互动；③创新方面的相关成果：水净化厂（CAT）的沉积物循环新系统、减少温室气体排放的新农学实践（农业管理部门）、新的沉积物管理指南（水电公司、水管理人员完成）、新的泥沙输送模型（由大学教育机构完成）；④引起了几家私营公司的兴趣，一些与水管理相关的咨询和工程公司有兴趣参与该项目中的一些开发，如河道泥沙通过技术的改善等；⑤基于项目目前的成果来说，未来将具备很大潜力在私营企业部门和先进研究团队合作下再形成一些研发项目，特别是在水、沉积物管理和气候变化适应领域；⑥对西班牙国家政策及加泰罗尼亚地区政策的影响：成立沉积物技术委员会；在国家和地区议会投票，要求政府采取行动进行河道泥沙输出；欧盟国家正在考虑制定一些沉积物管理指南。

7.3　基于自然解决方案理念的海岸沙丘生态系统修复

7.3.1　项目实施概况

海岸沙丘生态系统修复项目由全球环境基金（GEF）资助，并由联合国开发计划署代表 3 个全球环境融资行动机构（联合国开发计划署、联合国环境规划署和世界银行）负责开展，由联合国项目事务厅负责执行 * 。阿尔及利亚布米尔达斯（Boumerdes）的海岸沙丘生态系统在减少气候变化造成的自然灾害风险和维持区域生物多样性方面发挥着重要作用。然而，海岸沙丘生态系统极易受到来自城市建设和社会经济发展（旅游业）所带来的压力的影响，其生物多样性受到严重威胁。保护区内的沙丘生态系统主要由生长在海岸狭窄地带，以海水仙（*Pancratium maritimum*）、马兰草（*Ammophila arenaria*）、海葱（*Urginea maritima*）、欧洲矮

---

* 案例来源：IUCN. Towards Nature-based Solutions in the Mediterranean. 2019.

棕（*Chamaerops humilis*）为代表的植物群落构成。这些植物常年遭受来自气候压力（海水侵蚀和沿岸风的作用）和人类压力（采砂活动、植被和土壤的退化、居民垃圾的堆积）的影响。尤其是在夏季，海岸沙丘生态系统保护区受人类活动的影响最大。如，区域被用作机动轨道和停车场。此外，保护区内土壤含盐量相对较高，有机质含量普遍相对较低。除了这些恶劣的环境外，冬季的强风和海浪还会对其造成更严重的影响。这些因素都已经威胁到该自然保护区内的动物和植物的生存。因此，需要诊断保护区内的生态系统，尤其是海岸沙丘生态系统的健康问题，明确生态系统退化程度及其受到威胁的原因和面临的压力，从而提出一种综合的管理和治理方法，以至于能够保护区域生物多样性，恢复生态系统健康，从而实现有效的生态恢复。海岸沙丘生态系统修复项目是基于自然的解决方案理念，该项目实施的主要目的是维护和修复自然保护区内脆弱的海岸沙丘生态系统。

7.3.2 项目实施目标

为了解决导致海岸沙丘植被退化的问题，保护和养护区域自然环境和植被生长环境，项目组在保护区内开展了一些修复和保护措施，并明确了项目实施的目标：①在沙丘地带制定一项多年植被修复行动计划；②对海岸沙丘的某些恶化部分进行重点修复和观测，在生物恢复显著且植被恢复速率最大的沙丘地区进行重点保护和观测；③在夏季期间，对该区域实施重点监测；④对受强烈人类影响干扰的部分海岸带沙丘生态系统和森林进行保护，这部分包括经常受到拖拉机、卡车等机动车辆反复碾轧和当地居民及游客践踏的区域；⑤建设开发前往海滩的通道和路线；⑥在草本植物种类丰富的沙丘区适当放牧；⑦按照现行法规规定，加强保护区标识设置，禁止一切导致沙丘环境和植被恶化的行为；⑧禁止在保护区现场任何地方存放废物和垃圾；⑨通过年轻的季节性就业人员和当地工作人员为保护区提供生态环境护理服务，加强当地游客、公民和牧民的生态保护意识教育；⑩在保护区内实施更换新沙作业，对沙滩进行整体修补。

7.3.3 项目实施成效

为了恢复和修复海岸沙丘生态系统，布米尔达斯生态协会在同有关地方公共

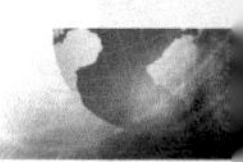

部门的合作下，采取了紧急的保护措施，并取得了有效的修复成果：①因植被覆盖度低而遭受强烈自然侵蚀的岩性地层以及经常遭受人类活动而退化的生态系统得到有效恢复；②海岸沙丘中的马兰草植被得到重建和修复；③通过实施清洁和发展绿色空间的行动使得受人类影响严重的部分区域得到修复和保护。

7.4　基于自然解决方案理念的海洋资源可持续管理

7.4.1　项目实施概况

本案例中，运用生态系统方法实施一项社会广泛参与式的规划方案项目，该项目的实施涉及摩洛哥地中海区域的 3 000 名渔民的利益 *。在这个方案框架中，渔民能够直接清楚地查询到受严重威胁的目标物种。例如，在 AI Hoceima 国家公园的海洋区内非法猎取物种数量急剧下降的雏鸟和鱼鹰蛋；比较严重和具有永久威胁的电鱼、毒鱼、炸鱼等非法捕鱼活动，这类活动对可交易和不可交易的海洋生物资源及其生态区均造成不可逆转的破坏。此外，在国家公园内的浅水区，非法拖网捕鱼活动对海洋生态系统和物种多样性造成了毁灭性的影响。这个项目的主要目的是通过手工渔民的参与，加强对受威胁物种的控制和监测，消除一些对海洋生物资源产生直接和严重的威胁。采取的措施主要有：在社区内专门设立了一个委员会，使其参与、监测和处理上述的威胁活动。另外，面向青少年组织开展禁止捕捞幼鱼的宣传活动，提高当地渔民的保护意识；在阿卢塞马斯（AI Hoceima）国家公园设立禁捕区，当地渔民参与了该国家公园海洋区域的共同管理。最后，在不增加捕捞努力量的情况下，新成立的合作社通过对渔业产品进行商业化管理，提高了渔民的总体收入。总的来说，实施海洋资源可持续管理是基于自然的解决办法解决粮食安全和减少灾害风险的一个明显例子。

7.4.2　项目实施目标

项目实施的主要目标：①避免海洋生物遭遇破坏，有效保障当地居民的粮食安全；②避免当地鱼鹰数量的下降；③避免海洋底层鱼类资源存量的下降。

---

*　案例来源：IUCN. Towards Nature-based Solutions in the Mediterranean. 2019.

7.4.3 项目实施成效

在项目实施后，责任制渔业方式在阿卢塞马斯国家公园海洋保护区内展开实行，并取得一些显著的成效：①利用硫酸铜毒鱼和炸药进行捕鱼的活动得到彻底清除；②对鱼鹰巢的干扰显著减少，离开巢的鱼鹰雏鸟数量较以往增加一倍；③打击 ZMPNAH 区域内的非法拖网捕捞活动。依据 2013—2014 年制定的法律，对当地青少年进行反捕捞宣传，要求拖网渔船安装具有定位功能的船舶监测系统（VMS）设备，对渔民捕捞活动进行时空定位监测；④海洋资源的丰富程度增加，根据物种和生态系统的不同，估计增加 20% ~ 30%：当地和国家利益相关者参与了生物区和物种的恢复；⑤帮助当地 30% 的渔民摆脱贫困；⑥通过参与式的规划方案和对渔产品实施可持续的市场影响策略，保障了项目实施所需的资金。

7.5 本章小结

在本章中，基于自然的解决方案理念，围绕海洋生态系统保护、修复以及可持续发展 3 个方面内容，分别对碳抵消 / 碳补偿项目、人工湿地创建项目、海岸沙丘生态系统修复和海洋资源可持续管理项目的实施概况、实施的目标和实施成效进行大致介绍。通过对四个案例的介绍，分享基于自然的解决方案理念在近海海洋和海岸带生态保护与修复方面的最佳实践，以扩大优秀项目的可复制性，推动基于自然解决方案的国际标准的中国本土化应用。希望通过本章案例的介绍能够有效扩展与中国近海海洋生态系统可持续发展相融合的 NbS 中国案例库。与此同时，建议能够通过采用科技手段重新了解自然系统的力量，引导自然力量做功，从而促使基于自然的解决方案这一规划理念在中国近海海洋态系统管理中的真正落地。此外，还要充分发挥 IUCN 的 NbS 自评估工具在中国近海海洋生态系统保护和修复中的应用，开展生态系统保护修复项目的绩效评价和综合成效评估工作，为评价近海海洋生态系统的自然化修复成效提供方法参考。

第 8 章 结论与展望

8

8.1 研究结论

为空间量化人类活动和气候变化对中国近海海洋生态系统造成的直接或间接的压力影响，本研究首先对中国近海海洋生态系统的主要人类活动影响因素进行综合分析，在此基础上，根据中国近海海洋人为活动较频繁以及海洋温度与海平面上升速率最显著等特点，从陆源污染、海洋活动和气候变化这 3 个方面选取营养盐污染、有机化学污染、无机化学污染等 14 个人类活动压力影响因子。然后，通过查阅文献和官方网站获取并搜集了人类活动、气候变化和中国近海海洋生态系统类型的高分辨率地理空间数据，并分别对其进行压力影响的空间格局分析和时空变化分析。最后，运用基于 GIS 空间分析技术的累积压力空间量化模型分别对 2006—2010 年、2011—2015 年和 2016—2020 年的中国近海海洋人类活动累积压力暴露度和中国近海海洋生态系统压力影响度进行时空动态评价分析。此外，介绍和分析由世界自然保护联盟（IUCN）成员和地中海地区合作伙伴提供的 4 个基于 NbS 理念的海洋生态系统保护、修复和可持续管理的典型案例，以期为中国近海受损的海洋生态系统的修复、重建和科学管理提供理论依据和实践参考。通过研究，得到以下几个主要结论。

（1）中国近海海洋人类活动压力因子时空变化分析。在陆源污染方面，研究期内，中国沿海大部分地区所在近岸海域的营养盐污染、有机化学污染和浮游植物生物量呈现出下降趋势。其影响高值区域主要集中分布在渤海海域、江苏北部海域、长江口及珠江口等海域。泥沙输入、无机化学污染、直接人类影响呈现上升趋势。其影响高值区域主要集中分布在渤海海域、长三角海域和珠三角海域中国沿海发达地区所在海域。在海洋活动方面，航运交通密度较大的区域主要集中分布在辽东湾、渤海湾、威海、烟台、青岛、日照、连云港、长江口至北部湾沿岸和台湾海峡等海域。手工捕捞所造成的压力强度较大的区域主要分布在中国沿岸地区。其中，长江口、浙江沿岸和台湾海峡的手工捕捞压力强度和覆盖范围较大。而商业捕捞活动在整个专属经济区内的海域压力都相对较大。沿岸港口压力较大的区域主要分布在环渤海、长三角、闽三角和珠三角地带。沿岸电厂对近岸海域海洋生态系统造成压力较大的区域主要集中在江苏沿岸、杭州湾及环渤海近岸海域。在气候变化方面，1982—2020 年，中国近海海洋高温热浪强度整体呈上升趋势，海洋高温热浪强度对海洋生态系统的压力将持续增强。近几年，海洋高温热浪强度相对较高的区域主要分布在渤海湾、莱州湾、连云港和日照沿岸附近海域以及台湾西侧海域。1993—2020 年，中国近海海平面高度异常整体呈上升趋势。海平面高度异常值相对较高的海域主要分布在渤海、连云港和日照沿岸附近海域、杭州湾、厦门湾和北部湾海域。1982—2020 年，中国近海平均表层海水文石饱和状态整体呈下降趋势，海洋酸化水平呈上升趋势。其中，渤海海域表层海水的文石饱和度呈现显著的下降趋势，海洋酸化程度显著加剧。

（2）中国近海海洋人类活动累积压力暴露度评价。2010 年、2015 年和 2020 年的中国近海海洋人类活动累积压力暴露度的值域分别为 1.3 ~ 10.16、1.06 ~ 9.53 和 0.99 ~ 9.63。研究期内，中国近海所有海域均在不同程度上受到了人类活动的影响。中国近海海洋处于低暴露、中等暴露、高暴露和极端暴露水平的面积比例分别是 40.18%、31.98%、22.46% 和 5.38%。在空间尺度上，海洋人类活动累积压力暴露度呈现出近岸高于外海的空间分布特征以及随离岸距离增加而减小的变化趋势。从局部海域看，海洋人类活动累积压力暴露度较高的区域主要集中分布在近岸河口、海湾等区域及重要港口城市的附近海域，如渤海湾、辽东湾、莱州湾、威海、青岛、日照、连云港、长江口等。从时间尺度上来看，2010 年、2015 年和 2020 年的海洋人类活动平均累积压力暴露度分别为 1.32、1.35 和 1.28，人类活动累积压力暴露度呈现先上升后下降、整体下降趋势。2015—2020，渤海海域人类活动累积压力暴露度呈现下降趋势，尤其是近岸下降较为明显。对于中国

近海海洋生态系统而言，人类活动累积压力暴露度由高到低依次为盐沼地、海岸、海草床、红树林、近岸浅水生境、滩涂湿地、珊瑚礁、近海表层生境和近海深层生境。对于中国的五大海湾而言，人类活动累积压力暴露度由高到低依次为渤海湾、辽东湾、莱州湾、杭州湾和北部湾。

（3）中国近海海洋生态系统累积压力影响度评价。2010 年、2015 年和 2020 年的中国近海海洋生态系统累积压力影响度的值域分别为 0 ~ 78.18、0 ~ 81.67 和 0 ~ 78.88。中国近海海洋生态系统处于低压、中压、高压和极高压水平的比例分别是 37.30%、38.52%、20.01% 和 4.17%。在空间尺度上，海洋生态系统累积压力影响度呈现出近岸高于外海、近岸向外海递减的分布特征。从局部海域看，海洋生态系统累积压力影响度较高的海域主要集中分布在近岸河口海湾及重要港口城市地区所在附近海域，如渤海湾、辽东湾、莱州湾、连云港、长江口、舟山群岛、闽三角、珠三角、北部湾、海南岛周围等海域。从时间尺度上来看，2010 年、2015 年和 2020 年的海洋生态系统的平均累积压力影响度分别为 2.97、3.29 和 3.09，海洋生态系统累积压力影响度呈现先上升后下降、整体上升趋势。2015—2020 年，渤海湾、江苏北部沿岸、杭州湾、珠江口外侧和北部湾外侧海域的生态系统累积压力影响度出现明显下降，而山东沿海地区、连云港、舟山群岛、海南岛东北部以及台湾西侧海域生态系统累积压力影响度明显增加。从整体来看，中国近海海洋生态系统累积压力影响度上升明显的区域主要集中分布在距离岸线约 10 km 的海域范围内，尤其是浙江、福建、广东、广西及海南西侧沿岸附近的海域，海洋生态系统累积压力影响度增长较为明显。中国近海海洋生态系统累积压力影响度由高到低分别是盐沼地、海岸、红树林、近岸浅水生境、滩涂湿地、海草床、近海表层生境、珊瑚礁和近海深层生境。五大海湾生态系统累积压力影响度由高到低依次为渤海湾、辽东湾、莱州湾、杭州湾和北部湾。

（4）中国近海海洋生态系统内部的人类活动压力源构成。对中国整体海洋生态系统影响程度最深的 3 个压力源分别是海洋高温热浪（29.42%）、沿岸港口（21.81%）和海平面高度异常（17.97%）。在中国三大滨海“蓝碳”生态系统中，盐沼：沿岸港口（21.40%）、海平面高度异常（11.67%）和无机化学污染（11.34%）；海草床：沿岸港口（30.93%）、海平面高度异常（15.90%）和海

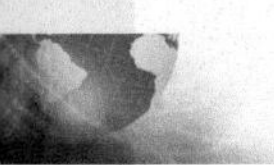

洋高温热浪（10.33%）；红树林：沿岸港口（21.34%）、海平面高度异常（13.72%）和有机化学污染（10.41%）。总体来说，中国沿海海洋生态系统主要受陆源污染、沿岸港口等直接人类活动压力源的影响，而外海则主要受气候变化及海上船舶航运等的影响。气候变化对中国近海海洋生态系统的压力影响表现最强烈。在中国五大海湾中，辽东湾：沿岸港口（38.73%）、海平面高度异常（17.59%）和海洋酸化（7.96%）；渤海湾：沿岸港口（39.25%）、海平面高度异常（19.11%）和海上交通（9.40%）；莱州湾：沿岸港口（36.73%）、海平面高度异常（19.52%）和浮游植物生物量（7.45%）；杭州湾：沿岸港口（42.77%）、海平面高度异常（14.60%）和浮游植物生物量（6.06%）；北部湾：沿岸港口（40.67%）、海平面高度异常（16.82%）和海洋高温热浪（13.35%）。五大海湾的生态系统均面临的最大压力源是沿岸港口，其次是气候变化因素中的海平面高度异常和海洋高温热浪。对于莱州湾和杭州湾而言，富营养化及营养盐失衡所带来的生态环境的压力影响相对较大。

（5）针对中国近海海洋生态系统所面临的种种压力和威胁，基于自然的解决方案有助于满足提升海岸带韧性的迫切需求，在应对气候变化风险、保护和恢复生态系统完整性、景观格局优化、改善近海海洋生态系统服务功能和实现生态产品价值等方面发挥重要作用。能有效解决多方面的社会挑战，对推动实现联合国“海洋可持续发展目标 14（SDG 14）”、联合国“海洋科学促进可持续发展十年（2021—2030）”计划及提高人类福祉和生物多样性方面具有重要意义。

8.2 研究创新点

本研究主要有以下 3 个方面的创新。

（1）研究视角创新。补齐海洋元素，健全“山水林田湖草”一体化评价体系。山水林田湖草是一个生命共同体，需要用“系统治理”理念看待问题，全面系统地掌握森林、草原、湿地、沙化土地等各类林草资源的综合状况。海洋生态系统作为地球生命支持系统的重要组成部分，是沿海地区区域生态环境评估不可或缺的基本要素。本研究通过评价人类活动对中国近海海洋生态系统的压力影响分析，

评估中国沿海地区生态保护和发展的成效与问题，可为统筹“山水林田湖草”一体化保护和修复提供有效推力。

（2）研究理论补充和完善。揭示人类社会发展过程中对近海海洋生态系统造成的压力影响，既依赖于解剖局地尺度上各个人类活动压力源对近海海洋生态系统影响的细节特征，又需要从大的时空尺度上把握宏观规律和影响机理。通过对国内外科学的思想资料和理论观点进行系统梳理发现，目前国内关于人类活动对中国近海海洋生态系统的压力影响的研究仅限于局地和国家尺度，且较为鲜见，同时还缺少时间变化趋势研究的证据，关于气候变化对海洋生态系统的影响研究也多为定性分析。本研究分别在时间和空间尺度上对现有研究的不足进行了弥补，对中国近海海洋生态系统的人类活动压力影响研究的理论框架进行了补充和完善。

（3）研究方法创新。首次基于长时间序列的各类高分辨率时空数据对中国近海海洋人类活动压力因子进行时空可视化动态分析，客观反映中国近海海洋人类活动足迹和人－海矛盾的时空异质性特征。首次运用累积压力效应空间量化模型对中国近海海洋人类活动累积压力暴露度和海洋生态系统累积压力影响度进行全面的时空动态变化分析，并分别对不同中国近海海洋生态系统类型和中国五大海湾的累积压力暴露度和累积压力影响度进行了评价与分析。此外，还细化分析了中国近海海洋生态系统内部各人类活动压力源的贡献度，确定了影响中国近海海洋生态系统最深的关键压力源。研究成果对推动实现联合国“海洋可持续发展目标 14（SDG 14）”、联合国“海洋科学促进可持续发展十年（2021—2030 年）”计划以及提高人类福祉和生物多样性具有重要意义。

8.3　存在的问题与展望

在气候变化和人为活动双重胁迫背景下，近海海洋生态系统累积压力影响评价的研究越来越受到重视。本书对中国近海海洋生态系统累积压力影响进行了初步的评价研究并获取了一些结论，但难免仍会存在一些不足和缺憾，希望能够在今后的学习和工作中进一步完善和探究。经过反思、总结和归纳，主要存有以下

三方面的不足。

（1）海岸带社会经济与海洋生态系统互馈过程与机理有待进一步探究。人类活动胁迫与生态系统间的相互作用关系是生态系统压力评价研究的一个重要内容，需要综合考虑社会、经济和生态因子，而对于时间模糊性与空间异质性并存的近岸海洋生态系统而言，海岸带社会经济与海洋生态系统之间的关系更为复杂。因此，为解决海洋生态环境胁迫日益加剧的现状问题，在未来需进一步加强对海岸带社会经济与海洋生态系统互馈过程与机理的研究。

（2）人类活动压力因子指标体系有待进一步完善和扩展。影响中国近海海洋生态系统健康的因素来自多个方面，且相互间存在一定的相关性。在进行近海海洋生态系统退化的归因研究中，需要综合考虑各个压力源之间复杂的相互关系。本研究仅选取了 14 个具有代表性的人类活动压力源，其他一些对近海海洋生态系统具有显著负面影响的压力源，如填海造地、海水养殖、大坝建设、外来物种入侵、大气污染和微塑料等，因空间数据的缺失或时间尺度不匹配等问题并未纳入此次评估体系。以大坝建设为例，相关研究表明，全球已建的约 4 万个大型水坝和 80 万个小型水坝，超过 25% 的河流流量受到建坝的影响，影响河流营养盐的生物地球化学循环过程和输出通量（Vorosmarty et al., 2000; Humborg et al., 2002）。此外，据最新研究表明，自工业革命以来，大气酸度的加剧导致可溶性磷和铁的比重分别上升了 14% 和 16%，从而对海洋浮游植物产生了直接的施肥效应（Vorosmarty et al., 2000; Baker et al., 2021）。在未来的研究中会结合中国海洋生态环境状况，进一步强化与完善对近海海洋人类活动压力影响因子的指标体系构建，通过多途径获取或生产更加丰富的高分辨率空间数据集，使其评价结果更加贴合实际状况。

（3）累积压力影响空间量化模型有待进一步优化和改进。不同人类活动压力因子之间的相互作用，可以是加性的，也可以是非加性的。而压力累积效应可以是线性的，也可能是非线性的。当人类活动压力因子的累积效应大于单个因子对生态系统的效应时，生态压力源被视为协同效应；当人类活动压力因子的累积效应小于单个因子对生态系统的效应时，生态压力源被视为拮抗效应。本研究中，使用的是基于不同权重的线性可加模型，未考虑非线性累积和拮抗效应。因此，

在未来的研究中将进一步考虑多重压力的非线性累积和拮抗作用，构建非线性累积压力空间量化模型，同时强化对压力因子的拮抗效应分析。在权重赋权方法上，本研究通过专家打分法获取权重矩阵，该方法获取结果具有一定主观性。在未来研究中，将考虑使用主成分分析法或因子分析法的权重确定方式，探索使用主客观相结合的科学赋权方式，使评估结果更为客观、准确。另外，由于空间数据获取的局限性，部分人类活动压力因子的时间分辨率和空间分辨率不一致、数据来源不同，使得最终结果存在一定误差。例如海洋叶绿素 *a* 浓度、海平面高度异常、海洋热浪等均是通过遥感数据获取，而营养盐污染、有机化学污染和无机化学污染等则是基于统计数据和运用 GIS 工具模拟得到的。此外，海洋酸化及海平面高度压力因子数据的空间分辨率远比其他压力因子的空间分辨率低。在未来的研究中，将尽可能地采用一些走航监测数据或海洋环境站点监测数据作为补充或进行数据验证，丰富数据使用类型，提高数据使用精度，使之能更加准确地掌握和了解中国近海海洋生态系统的压力状况。

附 录
人类活动对中国近海海洋生态系统的影响权重的专家评分问卷

尊敬的各位专家：

您好！非常抱歉耽误您宝贵的时间来为我填写这份问卷。

为清楚、直观地了解中国近海人－海矛盾现状，有效推进陆海统筹治理，促进基于自然的解决方案的海洋生态保护修复实践、海洋空间有效开发利用以及资源合理配置等，本人将对人类活动对中国近海海洋生态系统的压力累积效应进行空间量化分析研究。此次问卷的设置旨在确定人类活动对中国近海海洋生态系统的影响权重。每项指标需要从污染或威胁事件影响的面积大小和人类活动对海洋生态系统的功能性、抗性和弹性影响的四个方面进行考量后评分，问卷采用 1 ~ 4 标度法，数字标度的说明及判断标准的边界如表 1 所示。您可参考表 1 的标尺含义，对表 2 ~ 4 相关内容进行评分。

本调查问卷仅用作学术研究，严格保密所有数据和资料，不会对您产生任何不良影响。您的积极参与对本研究的结果至关重要，诚挚感谢您对本研究的支持和帮助！祝您工作顺利，生活愉快！

表 1　权重评判标准

影响类型	压力影响度	说明和举例
污染或威胁事件的直接和间接影响范围大小	1 = < 1 km^2 或无影响 2 = 1 ~ 10 km^2 3 = 10 ~ 100 km^2 4 = > 100 km^2	如，溢油事故的发生；外来物种入侵事件；海表温度异常；森林砍伐事件所产生的沉积物径流等
海洋生态系统功能性	1 = ≥ 1 个物种或无影响 2 = 单个营养级 3 = >1 个营养级 4 = 整个群落和生境结构	如，河口海湾沉积物对硬体群落生境（如珊瑚礁）的影响水平为 4。海水的浑浊度不仅影响珊瑚的生长率、生长形态、珊瑚代谢，而且能够降低幼虫附着前的存活率，对珊瑚繁殖与补充影响作用较大。相反，沉积物对于软体群落生境影响相对较小
海洋生态系统抗性（抵抗力）	1 = 高或无影响 2 = 中 3 = 低 4 = 易脆弱	该评价尺度适用于较为敏感的群落生境。如果一个群落生境物种种数较少，可以认为这个群落生境较为“敏感”，其生态价值很高
海洋生态系统弹性（恢复力）	1 = < 1 年或无影响 2 = 1 ~ 5 年 3 = 5 ~ 10 年 4 = 0 ~ 100 年	如，受外界因素冲击、破坏后，物种栖息地恢复形成的速度；近岸海洋沉积物迁移扩散后恢复为健康水体所需要的时间

表 2　陆源污染对中国近海海洋生态系统的影响权重得分

压力源	生态系统								
	海岸	滩涂湿地	红树林	盐沼地	海草床	珊瑚礁	近岸浅水及底栖生境	近海表层生境	近海深层生境
营养盐污染									
有机化学污染									
无机化学污染									
浮游植物生物量									
泥沙输入									
直接人类影响									

注：直接人类影响主要指人类活动所产生的生活垃圾。海岸：自岸线向海一侧 1 km。近岸浅水及底栖生境：水深小于 20 m 的区域，以浅水和底栖环境为主；近海表层生境：水深大于 20 m 的表层水环境；水深大于 200 m 的深层水环境。

表 3　海上活动对中国近海海洋生态系统的影响权重得分

压力源	生态系统								
	海岸	滩涂湿地	红树林	盐沼地	海草床	珊瑚礁	近岸浅水及底栖生境	近海表层生境	近海深层生境
沿岸港口									
沿岸电厂									
商业渔业									
手工捕捞									
海上交通									

表 4 气候变化对中国近海海洋生态系统的影响权重得分

压力源	生态系统								
	海岸	滩涂湿地	红树林	盐沼地	海草床	珊瑚礁	近岸浅水及底栖生境	近海表层生境	近海深层生境
海洋高温热浪									
海平面高度异常									
海洋酸化									

参考文献

白连勇, 2013. 中国火力发电行业减排污染物的环境价值标准估算 [J]. 科技创新与应用, 26: 127-127.

曾艳, 田广红, 陈蕾伊, 等, 2011. 互花米草入侵对土壤生态系统的影响 [J]. 生态学杂志, 30(09): 2080-2087.

陈宝红, 周秋麟, 杨圣云, 2009. 气候变化对海洋生物多样性的影响 [J]. 台湾海峡, 28(03): 437-444.

陈权, 马克明, 2017. 互花米草入侵对红树林湿地沉积物重金属累积的效应与潜在机制 [J]. 植物生态学报, 41(04): 409-417.

陈尚, 张朝晖, 马艳, 等, 2006. 我国海洋生态系统服务功能及其价值评估研究计划 [J]. 地球科学进展, 11: 1127-1133.

陈玉军, 廖宝文, 李玫, 等, 2012. 无瓣海桑和秋茄人工林的减风效应 [J]. 应用生态学报, 23(04): 959-964.

淳锦, 张新长, 黄健锋, 等, 2018. 基于 POI 数据的人口分布格网化方法研究 [J]. 地理与地理信息科学, 34(04): 83-89.

董占琢, 2009. 捕捞干扰对海洋生态系统动力学影响研究 [D]. 天津：天津大学硕士学位论文 .

范小晨, 代存芳, 陆欣鑫, 等, 2018. 金河湾城市湿地浮游植物功能类群演替及驱动因子 [J]. 生态学报, 38(16): 5726-5738.

高继华, 狄增如, 2018. 系统理论及应用 [M]. 北京：科学出版社 .

高如峰, 2012. 海平面上升对我国沿海生态环境的影响 [J]. 科技资讯, 25: 181-183.

郭兵, 陶和平, 刘斌涛, 等, 2012. 基于 GIS 和 USL 的汶川地震后理县土壤侵蚀特征及分析 [J]. 农业工程学报, 28(14): 118-126.

国家海洋局, 2011. 中国海洋发展报告 [R]. 北京：海洋出版社 .

国家统计局, 中国统计年鉴（2006—2020）[Z].

韩增林, 2011. 人海关系地域系统的特征 [J]. 地理教育, 10: 1-1.

何培, 张明明, 李强, 等, 2018. 我国海洋滩涂主要污染物的研究概况 [J]. 海洋科学, 42(08): 131-138.

何为媛，王莉玮，王春丽，2019. 不同水体中叶绿素 *a* 与氮磷浓度关系及富营养化研究 [J]. 安徽农学通报，25(14): 121-123.

洪华生，丁原红，洪丽玉，等，2003. 我国海岸带生态环境问题及其调控对策 [J]. 环境污染治理技术与设备，01: 89-94.

胡玲玲，2019. 小水体微塑料的污染特征及其对水生生物的毒性效应 [D]. 上海：华东师范大学博士学位论文 .

胡宗恩，王淼，2016. 围填海对海洋生态系统影响评价标准构建及实证研究—以胶州湾为例 [J]. 海洋环境科学，35(03): 357-365.

黄邦钦，刘光兴，史大林，等，2019. 海洋生态系统储碳过程的多尺度调控及其对全球变化的响应研究进展 [J]. 中国基础科学，21(03): 17-23.

黄超，郑艳，朱凌，2020. 我国沿海地区火力发电发展现状、环境影响及对策研究 [J]. 海洋经济，10(01): 22-27.

黄祥飞，2000. 湖泊生态系统调查观测与分析 [M]. 北京：中国标准出版社 .

江曲图，丁洁琼，叶观琼，等，2021. 中国海洋生态系统累积影响的空间量化评估 [J]. 海洋学报，43(09): 146-156.

焦念志，梁彦韬，张永雨，等，2018. 中国海及邻近区域碳库与通量综合分析 [J]. 中国科学：地球科学，48(11): 1393-1421.

金余娣，2018. 对海洋环境中的主要化学污染物及其危害的分析 [J]. 环境与发展，30(03): 145-147.

李博，赵斌，彭容豪，2005. 陆地生态系统生态学原理 [M]. 北京：高等教育出版社 .

李昊，潘宇光，王磊，2018. Bibliometrix: 一款新的基于 R 语言的文献计量软件介绍与评价 [J]. 大学图书情报学刊，36(04): 93-104.

李佳蕾，孙然好，熊木齐，等，2020. 基于 RUSLE 模型的中国土壤水蚀时空规律研究 [J]. 生态学报，40(10): 3473-3485.

李连伟，付宇轩，薛存金，等，2021. 全球海洋表面叶绿素 *a* 浓度 4-km 栅格数据集 (1998-2018)[J/DB/OL]. 全球变化数据仓储电子杂志 (中英文).

李延峰，宋秀贤，吴在兴，等，2015. 人类活动对海洋生态系统影响的空间量化评价—以莱州湾海域为例 [J]. 海洋与湖沼，46(01): 133-139.

李彦平，刘大海，罗添，2021. 国土空间规划中陆海统筹的内在逻辑和深化方向—基于复合系统论视角 [J]. 地理研究，40(07): 1902-1916.

联合国，2013. 世界海洋面临的严峻挑战—海水急剧酸化 [OL]. 2013-10-4.

林伯强, 2021. 保护和发展蓝碳助力“碳中和”[N]. 第一财经日报, 2021-03-24(A11).

林跃生, 孔昊, 侯建平, 2021. 填海造地导致的海洋生态系统服务损失研究—以某地填海工程为例 [J]. 环境生态学, 3(02): 23-26.

刘柏静, 吴晓青, 杜培培, 等, 2018. 海域使用活动对海湾生态环境的压力评估—以莱州湾为例 [J]. 海洋学研究, 36(03): 76-83.

刘天宝, 韩增林, 彭飞, 2017. 人海关系地域系统的构成及其研究重点探讨 [J]. 地理科学, 37(10): 1527-1534.

刘政训, 张海博, 2019. AIS 在海事智能信息化监管中的应用及存在问题探讨 [J]. 中国海事, 08: 45-48.

罗民波, 陆健健, 沈新强, 等, 2007. 大型海洋工程对洋山岛周围海域大型底栖动物生态分布的影响 [J]. 农业环境科学学报, 01: 97-102.

骆永明, 2016. 中国海岸带可持续发展中的生态环境问题与海岸科学发展 [J]. 中国科学院院刊, 31(10): 1133-1142.

吕剑, 骆永明, 章海波, 2016. 中国海岸带污染问题与防治措施 [J]. 中国科学院院刊, 31(10): 1175-1181.

吕永龙, 苑晶晶, 李奇锋, 等, 2016. 陆源人类活动对近海生态系统的影响 [J]. 生态学报, 36(05): 1183-1191.

马淑慧, 朱祉熹, Renilde B, 等, 2014. 中国船舶和港口空气污染防治白皮书 [R].

聂磊, 谢子强, 彭丹, 2021. 海水酸化对珊瑚藻生长和钙化作用的影响 [J]. 广东海洋大学学报, 41(03): 67-73.

冉祥滨, 臧家业, 韦钦胜, 等, 2011. 海洋中营养盐陆源补充及其对浮游藻群落结构的影响 [J]. 海洋开发与管理, 28(01): 39-42.

生态环境部, 2021. 2020 年中国海洋生态环境状况公报 [R].

石洪华, 郑伟, 丁德文, 等, 2008. 典型海洋生态系统服务功能及价值评估—以桑沟湾为例 [J]. 海洋环境科学, 02: 101-104.

石金辉, 高会旺, 张经, 2006. 大气有机氮沉降及其对海洋生态系统的影响 [J]. 地球科学进展, 07: 721-729.

石晓勇, 2003. 长江口营养盐、石油烃对海洋生态系统影响及动力学研究 [D]. 青岛：中国海洋大学博士学位论文.

隋春晨, 宋影飞, 罗先香, 等, 2018. 海洋健康指数法对青岛胶州湾健康状况评价的研究 [J]. 中国海洋大学学报 (自然科学版), 48(01): 85-96.

孙雨琦，薛存金，洪娅岚，等，2020. 全球海洋初级生产力标准化距平数据集（1998—2019）[J]. 全球变化数据仓储电子杂志（中英文）[J/DB/OL].

孙云飞，2014. 我国海洋溢油灾害应急管理机制研究 [D]. 青岛：中国海洋大学硕士学位论文.

谭跃进，2010. 系统工程原理 [M]. 北京：科学出版社硕士学位论文.

汤学虎，2008. 基于干扰理论的城市废弃地再利用策略研究 [D]. 上海：同济大学硕士学位论文.

童晨，李加林，黄日鹏，等，2018. 陆源污染生态损害评估及其补偿标准研究—以象山港为例 [J]. 海洋通报，37(06): 685-694.

涂振顺，黄金良，张珞平，等，2009. 沿海港湾区域陆源污染物定量估算方法研究 [J]. 海洋环境科学，28(02): 202-207.

王爱梅，王慧，范文静，等，2021. 2019 年中国近海海洋热浪特征研究 [J]. 海洋学报，43(06): 35-44.

王超，李新辉，赖子尼，等，2013. 珠三角河网浮游植物生物量的时空特征 [J]. 生态学报，33(18): 5835-5847.

王法明，唐剑武，叶思源，等，2021. 中国滨海湿地的蓝色碳汇功能及碳中和对策 [J]. 中国科学院院刊，36(03): 241-251.

王友绍，2021. 全球气候变化对红树林生态系统的影响、挑战与机遇 [J]. 热带海洋学报，40(03): 1-14.

王有霄，钟萍丽，于格，等，2019. 胶州湾氮、磷非点源污染负荷估算及时空分析 [J]. 中国海洋大学学报（自然科学版），49(02): 85-97.

魏峰，孙健，王薇，等，2021. 基于海洋生态环境影响的核电厂温排水布置方式研究 [J]. 海洋环境科学，40(02): 176-183.

徐刚，刘健，孔祥淮，等，2012. 近海沉积物重金属污染来源分析 [J]. 海洋地质前沿，28(11): 47-52.

徐明祎，2019. 红树林氮磷输入及重金属对溶解性有机质光谱特征的影响研究 [D]. 厦门：厦门大学硕士学位论文.

徐雪梅，吴金浩，刘鹏飞，2016. 中国海洋酸化及生态效应的研究进展 [J]. 水产科学，35(06): 735-740.

晏维金，2006. 人类活动影响下营养盐向河口 / 近海的输出和模型研究 [J]. 地理研究，(05): 825-835.

杨圣云 , 2006. 发电厂温排水对海洋生态系统的影响 [C]. 北京：国家环保总局 .

叶幼亭 , 史大林 , 2020. 全球变化对海洋生态系统初级生产关键过程的影响 [J]. 植物生态学报 , 44(05): 575-582.

翟惟东 , 赵化德 , 郑楠 , 等 , 2012. 2011 年夏季渤海西北部、北部近岸海域的底层耗氧与酸化 [J]. 科学通报 , 57(09): 753-758.

翟惟东 , 2018. 黄海的季节性酸化现象及其调控 [J]. 中国科学 : 地球科学 , 48(06): 671-682.

湛垚垚 , 黄显雅 , 段立柱 , 等 , 2013. 海洋酸化对近岸海洋生物的影响 [J]. 大连大学学报 , 34(03): 79-84.

张海珍 , 王琳 , 聂清莉 , 2020. 基于干扰理论的重庆市关闭煤矿废弃地生态修复策略与方法研究 [J]. 矿业安全与环保 , 47(04): 122-126.

张继平 , 潘易晨 , 孔凡宏 , 等 , 2017. 政治晋升激励视角下我国海洋陆源污染治理的研究 [J]. 中国海洋大学学报 (社会科学版), 04: 20-26.

张鹏 , 魏良如 , 赖进余 , 等 , 2019. 湛江湾夏季陆源入海氮磷污染物浓度、组成和通量 [J]. 广东海洋大学学报 , 39(04): 63-72.

张晓楠 , 邱国玉 , 2019. 化肥对我国水环境安全的影响及过量施用的成因分析 [J]. 南水北调与水利科技 , 17(04): 104-114.

张晓平 , 赵艳艳 , 金凤君 , 等 , 2022. 近 25 年来国内外可持续发展研究热点追踪—基于 CiteSpace 的文献计量分析 [J]. 中国科学院大学学报 , 39(01): 55-63.

赵淑江 , 朱爱意 , 吴常文 , 等 , 2006. 海洋渔业对海洋生态系统的影响 [J]. 海洋开发与管理 , 03: 93-97.

赵晓英 , 陈怀顺 , 孙存权 , 2001. 恢复生态学—生态恢复的原理与方法 [M] 北京 : 中国环境科学出版社 .

周晨昊 , 毛覃愉 , 徐晓 , 等 , 2016. 中国海岸带蓝碳生态系统碳汇潜力的初步分析 [J]. 中国科学 : 生命科学 , 46(04): 475-486.

周云轩 , 田波 , 黄颖 , 等 , 2016. 我国海岸带湿地生态系统退化成因及其对策 [J]. 中国科学院院刊 , 31(10): 1157-1166.

自然资源部 , 2021.《全国重要生态系统保护和修复重大工程总体规划（2021—2035）》[R].

自然资源部国家海洋信息中心 , 2021. 中国气候变化海洋蓝皮书 (2021)[M]. 北京：科学出版社 .

自然资源部海洋预警监测司 , 2020. 2020 年中国海洋灾害公报 [R].

自然资源部海洋预警监测司 , 2021. 2020 年中国海平面公报 [R].

Abdelhady A A, Farouk S, Ahmad F, et al., 2021. Impact of the late Cenomanian sea-level rise on the south Tethyan coastal ecosystem in the Middle East (Jordan, Egypt, and Tunisia): A quantitative eco-biostratigraphy approach[J]. Palaeogeography, Palaeoclimatology, Palaeoecology, 574.

Alewell C, Ringeval B, Ballabio C, et al., 2020. Global phosphorus shortage will be aggravated by soil erosion[J]. Nature Communications, 11(4546): 1-12.

Andersen J H, Berzaghi F, Christensen T, et al., 2017. Potential for cumulative effects of human stressors on fish, sea birds and marine mammals in Arctic waters[J]. Estuarine, Coastal and Shelf Science, 184: 202-206.

Ani C J, Robson B, 2021. Responses of marine ecosystems to climate change impacts and their treatment in biogeochemical ecosystem models[J]. Marine Pollution Bulletin, 166,112223.

Arias-Ortiz A, Serrano O, Masque P, et al., 2018. A marine heatwave drives massive losses from the world’s largest seagrass carbon stocks[J]. Nature Climate Change, 8(4): 338-344.

Arnold C L, Gibbons C J, 1996. Impervious surface coverage - The emergence of a key environmental indicator[J]. Journal of the American Planning Association, 62(2): 243-258.

AVISO, 2021. Satellite alimetry data: monthly mean and climatology maps of sea level anomalies[DB/OL].

Baag S, Mandal S, 2022. Combined effects of ocean warming and acidification on marine fish and shellfish: A molecule to ecosystem perspective[J]. Science of the Total Environment, 802: e149807.

Baker A R, Kanakidou M, Nenes A, et al., 2021. Changing atmospheric acidity as a modulator of nutrient deposition and ocean biogeochemistry[J]. Science Advances, 7(28): 1-9.

Ban N C, Alidina H M, Ardron J A, 2010. Cumulative impact mapping: Advances, relevance and limitations to marine management and conservation, using Canada’s Pacific waters as a case study[J]. Marine Policy, 34(5): 876-886.

Behrenfeld M J, Falkowski P G, 1997. Photosynthetic rates derived from satellite-based chlorophyll concentration[J]. Limnology and Oceanography, 42(1): 1-20.

Bertram C, Quaas M, Reusch T B H, et al., 2021. The blue carbon wealth of nations[J].

Nature Climate Change, 11(8): 704-709.

Bowler D E, Bjorkman A D, Dornelas M, et al., 2020. Mapping human pressures on biodiversity across the planet uncovers anthropogenic threat complexes[J]. People and Nature, 2(2): 380-394.

Brown C J, Mellin C, Edgar G J, et al., 2021. Direct and indirect effects of heatwaves on a coral reef fishery[J]. Global Change Biology, 27(6): 1214-1225.

Burgos-Nunez S, Navarro-Frometa A, Marrugo-Negrete J, et al., 2017. Polycyclic aromatic hydrocarbons and heavy metals in the Cispata Bay, Colombia: A marine tropical ecosystem[J]. Marine Pollution Bulletin, 120(1-2): 379-386.

Caldeira K, Wickett M, 2003. Anthropogenic carbon and ocean pH[J]. Nature, 425(6956), 365-365.

Cao W Z, Wong M H, 2007. Current status of coastal zone issues and management in China: A review[J]. Environment International, 33(7): 985-992.

Cerdeiro D A, Komaromi A, Liu Y, et al., 2020. World Seaborne Trade in Real Time: A Proof of Concept for Building AIS-based Nowcasts from Scratch[R].

Chakrapani G J, 2005. Factors controlling variations in river sediment loads[J]. Current Science, 88(4): 569-575.

Cheng J, Gong Y, Zhu D Z, et al., 2021. Modeling the sources and retention of phosphorus nutrient in a coastal river system in China using SWAT[J]. Journal of Environmental Management, 278(Pt 2): e111556.

Clark D, Goodwin E, Sinner J, et al., 2016. Validation and limitations of a cumulative impact model for an estuary[J]. Ocean & Coastal Management, 120: 88-98.

Clarke Murray C, Agbayani S, Ban N C, 2015. Cumulative effects of planned industrial development and climate change on marine ecosystems[J]. Global Ecology and Conservation, 4: 110-116.

Course G, Pierre J, Howell B, 2020. What's in the Net? Using camera technology to monitor, and support mitigation of wildlife bycatch in fisheries[R]. https://wwfwhales. org/resources/2020-whats-in-the-net-remote-electronic-monitoring.

Crain C M, Kroeker K, Halpern B S, 2008. Interactive and cumulative effects of multiple human stressors in marine systems[J]. Ecology Letters, 11(12): 1304-1315.

Delevaux J M S, Jupiter S D, Stamoulis K A, et al., 2018a. Scenario planning with linked

land-sea models inform where forest conservation actions will promote coral reef resilience[J]. Scientific Reports, 8(12465): 1-21.

Delevaux J M S, Whittier R, Stamoulis K A, et al., 2018b. A linked land-sea modeling framework to inform ridge-to-reef management in high oceanic islands[J]. PloS One, 13(3): e0193230.

Ellegaard M, Clarke A L, Reuss N, et al., 2006. Multi-proxy evidence of long-term changes in ecosystem structure in a Danish marine estuary, linked to increased nutrient loading[J]. Estuarine, Coastal and Shelf Science, 68(3-4): 567-578.

FAO, 2021. The state of world fisheries and aquaculture 2020: sustainability in action[R].

Ferrario F, Beck M W, Storlazzi C D, et al., 2014. The effectiveness of coral reefs for coastal hazard risk reduction and adaptation[J]. Nature Communications, 5(3794): 1-9.

Fisheries and Oceans Canada, 2004. A Canadian action plan to address the threat of aquatic invasive species[R]. https://waves-vagues.dfo-mpo.gc.ca/Library/365581.pdf.

Flanders Marine Institute, 2022. Maritime Boundaries version 11[DB/OL].

Fourqurean J W, Duarte C M, Kennedy H, et al., 2012. Seagrass ecosystems as a globally significant carbon stock[J]. Nature Geoscience, 5(7): 505-509.

Frid C L J, Hansson S, Ragnarsson S A, et al., 1999. The exploitation of fishery resources has changed the predation level of seabed organisms [J]. AMBIO-Journal of Human Environment, 28(07): 578-582.

Fujii T, 2012. Climate Change, Sea-Level Rise and Implications for Coastal and Estuarine Shoreline Management with Particular Reference to the Ecology of Intertidal Benthic Macrofauna in NW Europe[J]. Biology (Basel), 1(3): 597-616.

Furlan E, Torresan S, Critto A, et al., 2019. Cumulative Impact Index for the Adriatic Sea: Accounting for interactions among climate and anthropogenic pressures[J]. Science of the Total Environment, 670: 379-397.

Galloway J N, Cowling E B, 2002. Reactive nitrogen and the world: 200 years of change[J]. AMBIO, 31(2): 64-71.

Galloway J N, Dentener F J, Capone D G, et al., 2004. Nitrogen cycles: past, present, and future[J]. Biogeochemistry, 70(2): 153-226.

GEBCO, 2021. Gridded bathymetric data set[DB/OL].

Gergel S E, Turner M G, Miller J R, et al., 2002. Landscape indicators of human impacts to riverine systems[J]. Aquatic Sciences, 64(2): 118-128.

Global Energy Observatory, 2018. Global power plant database[DB/OL].

Global Fishing Watch, 2020. Distance from port in meters[DB/OL].

Halpern B S, Ebert C M, Kappel C V, et al., 2009a. Global priority areas for incorporating land-sea connections in marine conservation[J]. Conservation Letters, 2(4): 189-196.

Halpern B S, Frazier M, Afflerbach J, et al., 2019. Recent pace of change in human impact on the world's ocean[J]. Scientific Reports, 9 (11609): 1-8.

Halpern B S, Frazier M, Potapenko J, et al., 2015. Spatial and temporal changes in cumulative human impacts on the world's ocean[J]. Nature Communications, 6(7615): 1-7.

Halpern B S, Kappel C V, Selkoe K A, et al., 2009b. Mapping cumulative human impacts to California Current marine ecosystems[J]. Conservation Letters, 2(3): 138-148.

Halpern B S, Selkoe K A, Micheli F, et al., 2007. Evaluating and ranking the vulnerability of global marine ecosystems to anthropogenic threats[J]. Conservation Biology, 21(5): 1301-1315.

Halpern B S, Walbridge S, Selkoe K A, et al., 2008. A global map of human impact on marine ecosystems[J]. Science, 319(5865): 948-952.

Hammar L, Molander S, Palsson J, et al., 2020. Cumulative impact assessment for ecosystem-based marine spatial planning[J]. Science of the Total Environment, 734: e139024.

Harley C D G, Hughes A R, Hultgren K M, et al., 2006. The impacts of climate change in coastal marine systems[J]. Ecology Letters, 9(2): 228-241.

Hennige S, Roberts J, Williamson P, et al., 2014. An updated synthesis of the impacts of ocean acidification on marine biodiversity[J]. CBD Technical Series, 75: 1-99.

Hobday A J, Alexander L V, Perkins S E, et al., 2016. A hierarchical approach to defining marine heatwaves[J]. Progress in Oceanography, 141: 227-238.

Hoegh-Guldberg O, Bruno John F, 2010. The Impact of Climate Change on the World's Marine Ecosystems[J]. Science, 328(5985): 1523-1528.

Hoegh-Guldberg O, Mumby P J, Hooten A J, et al., 2007. Coral Reefs Under Rapid Climate Change and Ocean Acidification[J]. Science, 318(5857): 1737-1742.

Huang X, Li J Y, Yang J, et al., 2021. 30 m global impervious surface area dynamics and urban expansion pattern observed by Landsat satellites: From 1972 to 2019[J]. Science

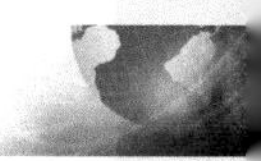

China Earth Sciences, 64(11): 1922-1933.

Humborg C, Blomqvist S, Avsan E, et al., 2002. Hydrological alterations with river damming in northern Sweden: Implications for weathering and river biogeochemistry[J]. Global Biogeochemical Cycles, 16(3): 1201-1213.

INFRAPEDIA, 2021. Submarine communication cables database[DB/OL].

ITOPF, 2014. Effects of oil pollution on the marine environment[R].

IUNC, 2019. Towards Nature-based Solutions in the Mediterranean[R].

Jia M M, Wang Z M, Mao D H, et al., 2021. Rapid, robust, and automated mapping of tidal flats in China using time series Sentinel-2 images and Google Earth Engine[J]. Remote Sensing of Environment, 255(1-2): e112285.

Korpinen S, Andersen J H, 2016. A Global Review of Cumulative Pressure and Impact Assessments in Marine Environments[J]. Frontiers in Marine Science, 3(153): 1-11.

Krauss K W, Doyle T W, Doyle T J, et al., 2009. Water level observations in mangrove swamps during two hurricanes in Florida [J]. Wetlands, 29(1): 142-149.

Kvale K, Prowe A E F, Chien C T, et al., 2021. Zooplankton grazing of microplastic can accelerate global loss of ocean oxygen[J]. Nature Communications, 12(1): 1-8.

Lai H K, Tsang H, Chau J, et al., 2013. Health impact assessment of marine emissions in Pearl River Delta region[J]. Marine Pollution Bulletin, 66(1-2): 158-163.

Lamborg C H, Hammerschmidt C R, Bowman K L, et al., 2014. A global ocean inventory of anthropogenic mercury based on water column measurements[J]. Nature, 512(7512): 65-68.

Langhamer O, 2012. Artificial Reef Effect in relation to Offshore Renewable Energy Conversion: State of the Art[J]. Scientific World Journal, 2012: e386713.

Lapointe B E, Barile P J, Matzie W R, 2004. Anthropogenic nutrient enrichment of seagrass and coral reef communities in the Lower Florida Keys: discrimination of local versus regional nitrogen sources[J]. Journal of Experimental Marine Biology and Ecology, 308(1): 23-58.

Lattuada M, Albrecht C, Wilke T, 2019. Differential impact of anthropogenic pressures on Caspian Sea ecoregions[J]. Marine Pollution Bulletin, 142: 274-281.

Le Nohaic M, Ross C L, Cornwall C E, et al., 2017. Marine heatwave causes unprecedented regional mass bleaching of thermally resistant corals in northwestern Australia[J].

Scientific Reports, 7(14999): 1-11.

Lechner A, Keckeis H, Lumesberger-Loisl F, et al., 2014. The Danube so colourful: A potpourri of plastic litter outnumbers fish larvae in Europe's second largest river[J]. Environmental Pollution, 188: 177-181.

Li S J, Song K S, Wang S, et al., 2021. Quantification of chlorophyll-a in typical lakes across China using Sentinel-2 MSI imagery with machine learning algorithm[J]. Science of the Total Environment, 778: e146271.

Liu B, Zhang K, Xie Y, 2002. Anempiricalsoil loss equation. In:Proceedings--Process of soilerosion and its environment effect (Vol.II)[C]. 12th International Soil Conservation Organization Conference, 22-25.

Liu M D, Zhang Q R, Maavara T, et al., 2021. Rivers as the largest source of mercury to coastal oceans worldwide[J]. Nature Geoscience, 14(9): 672-680.

Liu Y M, Wang Z H, Yang X M, et al., 2020. Satellite-based monitoring and statistics for raft and cage aquaculture in China's offshore waters[J]. International Journal of Applied Earth Observation and Geoinformation, 91: 102-118.

Liu Z H, Wang Y L, Li Z G, et al., 2013. Impervious surface impact on water quality in the process of rapid urbanization in Shenzhen, China[J]. Environmental Earth Sciences, 68(8): 2365-2373.

Loiseau C, Thiault L, Devillers R, et al., 2021. Cumulative impact assessments highlight the benefits of integrating land-based management with marine spatial planning[J]. Science of the Total Environment, 787(1): e147339.

MacLeo M, Arp H P H, Tekman M B, et al., 2021. The global threat from plastic pollution[J]. Science, 373(6550): 61-65.

Magris R, Grech A, Pressey R, 2018. Cumulative Human Impacts on Coral Reefs: Assessing Risk and Management Implications for Brazilian Coral Reefs[J]. Diversity, 10(2): 26-26.

Mao D H, Wang Z G, Du B J, et al., 2020. National wetland mapping in China: A new product resulting from object-based and hierarchical classification of Landsat 8 OLI images[J]. ISPRS Journal of Photogrammetry and Remote Sensing, 164: 11-25.

McOwen C J, Weatherdon L V, Van Bochove J-W, et al., 2017. A global map of saltmarshes[J]. Biodiversity Data Journal, 5(1): e11764.

Micheli F, Halpern B S, Walbridge S, et al., 2013. Cumulative human impacts on

Mediterranean and Black Sea marine ecosystems: assessing current pressures and opportunities[J]. PloS One, 8(12):879-889.

Millefiori L M, Braca P, Zissis D, et al., 2021. COVID-19 impact on global maritime mobility[J]. Scientific Reports, 11(18039): 1-16.

Molnar J L, Gamboa R L, Revenga C, et al., 2008. Assessing the global threat of invasive species to marine biodiversity[J]. Frontiers in Ecology and the Environment, 6(9): 485-492.

Murray N J, Phinn S R, DeWitt M, et al., 2019. The global distribution and trajectory of tidal flats[J]. Nature, 565(7738): 222-225.

Naipal V, Reick C, Pongratz J, et al., 2015. Improving the global applicability of the RUSLE model - adjustment of the topographical and rainfall erosivity factors[J]. Geoscientific Model Development, 8(9): 2893-2913.

Narayan S, Beck M W, Reguero B G, et al., 2016. The Effectiveness, Costs and Coastal Protection Benefits of Natural and Nature-Based Defences[J]. PloS One, 11(5): e0154735.

NOAA-NCEI, 2020. OceanSODA-ETHZ: A global gridded data set of the surface ocean carbonate system for seasonal to decadal studies of ocean acidification (NCEI Accession 0220059)[DB/OL].

OCHA ROLAC, 2019. World port index[DB/OL].

Our world in Data, 2021. Fish and overfishing[OL].

Pancrazi I, Ahmed H, Cerrano C, et al., 2020. Synergic effect of global thermal anomalies and local dredging activities on coral reefs of the Maldives[J]. Marine Pollution Bulletin, 160,111585.

Pereira Henrique M, Leadley Paul W, Proença V, et al., 2010. Scenarios for global biodiversity in the 21st century[J]. Science, 330(6010): 1496-1501.

Ribas-Deulofeu L, Denis V, Chateau P-A, et al., 2021. Impacts of heat stress and storm events on the benthic communities of Kenting National Park (Taiwan)[J]. PeerJ, 9: e11744.

Rubel F, Kottek M, 2010. Observed and projected climate shifts 1901-2100 depicted by world maps of the Koppen-Geiger climate classification[J]. Meteorologische Zeitschrift, 19(2): 135-141.

Santodomingo N, Perry C, Waheed Z, et al., 2021. Marine litter pollution on coral reefs of Darvel Bay (East Sabah, Malaysia)[J]. Marine Pollution Bulletin, 173(Pt A): 112998.

Schmidt C, Krauth T, Wagner S, 2017. Export of Plastic Debris by Rivers into the Sea[J]. Environmental Science & Technology, 51(21): 12246-12253.

Sleeter R, Gould M, 2007. Geographic information system software to remodel population data using dasymetric mapping methods[R].

Smale D A, Wernberg T, Oliver E C J, et al., 2019. Marine heatwaves threaten global biodiversity and the provision of ecosystem services[J]. Nature Climate Change, 9(4): 306-312.

Song H, Zhang T, Hadfield M G, 2021. Metamorphosis in warming oceans: a microbe-larva perspective[J]. Trends in Ecology & Evolution, 36(11): 976-977.

Tkachenko K S, Hoang D T, Dang H N, 2020. Ecological status of coral reefs in South China Sea (East sea) and its relation to thermal anomalies[J]. Estuarine, Coastal and Shelf Science, 238,106722.

Tosic M, Martins F, Lonin S, et al., 2019. A practical method for setting coastal water quality targets: Harmonization of land-based discharge limits with marine ecosystem thresholds[J]. Marine Policy, 108,103641.

Tosic M, Martins F, Lonin S, et al., 2019. A practical method for setting coastal water quality targets: Harmonization of land-based discharge limits with marine ecosystem thresholds[J]. Marine Policy, 108.

Traving S J, Kellogg C T E, Ross T, et al., 2021. Prokaryotic responses to a warm temperature anomaly in northeast subarctic Pacific waters[J]. Communications Biology, 4(1217): 1-12.

Tsujimoto A, Nomura R, Yasuhara M, et al., 2006. Impact of eutrophication on shallow marine benthic foraminifers over the last 150 years in Osaka Bay, Japan[J]. Marine Micropaleontology, 60(4): 258-268.

UNEP, 2020. Out of the Blue: The Value of Seagrasses to the Environment and to People[R].

UNEP-WCMC and Short FT, 2021. Global distribution of seagrasses (version 7.1)[DB/OL].

UNEP-WCMC, 2021. Global distribution of warm-water coral reefs[DB/OL].

United Nations, 2021. The 2021 World Ocean Assessment (WOA II)[R].

van Emmerik T, Kieu-Le T-C, Loozen M, et al., 2018. A Methodology to Characterize Riverine Macroplastic Emission Into the Ocean[J]. Frontiers in Marine Science, 5(372): 1-11.

Vitousek P M, Aber J D, Howarth R W, et al., 1997. Human alteration of the global nitrogen cycle: Sources and consequences[J]. Ecological Applications, 7(3): 737-750.

Vorosmarty C J, Fekete B M, Meybeck M, et al., 2000. Global system of rivers: Its role in organizing continental land mass and defining land-to-ocean linkages[J]. Global Biogeochemical Cycles, 14(2): 599-621.

Vorosmarty C J, McIntyre P B, Gessner M O, et al., 2010. Global threats to human water security and river biodiversity[J]. Nature, 467(7315): 555-561.

Wang F M, Sanders C J, Santos I R, et al., 2021a. Global blue carbon accumulation in tidal wetlands increases with climate change[J]. National Science Review, 8(9): nwaa296.

Wang J J, Bouwman A F, Liu X, et al., 2021b. Harmful Algal Blooms in Chinese Coastal Waters Will Persist Due to Perturbed Nutrient Ratios[J]. Environmental Science & Technology Letters, 8(3): 276-284.

Wang J N, Yan W J, Chen N W, et al., 2015. Modeled long-term changes of DIN:DIP ratio in the Changjiang River in relation to Chl-α and DO concentrations in adjacent estuary[J]. Estuarine, Coastal and Shelf Science, 166: 153-160.

Wang X X, Xiao X M, Zou Z H, et al., 2020b. Mapping coastal wetlands of China using time series Landsat images in 2018 and Google Earth Engine[J]. ISPRS Journal of Photogrammetry and Remote Sensing, 163: 312-326.

Wang X, Xiao X M, Zou Z H, et al., 2020a. Tracking annual changes of coastal tidal flats in China during 1986—2016 through analyses of Landsat images with Google Earth Engine[J]. Remote Sensing of Environment, 238: e110987.

Wang Z T, Supin A Y, Akamatsu T, et al., 2021c. Auditory evoked potential in stranded melon-headed whales (Peponocephala electra): With severe hearing loss and possibly caused by anthropogenic noise pollution[J]. Ecotoxicology and Environmental Safety, 228: e113047.

Watson R, 2018. Global Fisheries Landings V3.0 [BD/OL].

Waycott M, Duarte C M, Carruthers T J B, et al., 2009. Accelerating loss of seagrasses across the globe threatens coastal ecosystems[J]. Proceedings of the National Academy of Sciences of the United States of America, 106(30): 12377-12381.

WHOI, 2020. Ocean acidification causing coral ‘osteoporosis’ on iconic reefs[OL]. 2020-8-27.

World Bank, 2016. Managing Coasts with Natural Solutions: Guidelines for Measuring and Valuing the Coastal Protection Services of Mangroves and Coral Reefs[R].

Wright, 2008. Underwater Radiated Noise of Ocean-Going Merchant Ships[C]. International Workshop on Shipping Noise and Marine Mammals, Hamburg, Germany, 21st-24th April 2008, held by Okeanos - Foundation for the Sea., 2008.

Xiao H, Su F Z, Fu D J, et al., 2021. Global mangrove classification products of 2018-2020 based on big data [DB/OL]. Science Data Bank.

Xiong M, Sun R, Chen L, 2018. Effects of soil conservation techniques on water erosion control: A global analysis[J]. Science of the Total Environment, 645: 753-760.

Zhang T, Tian B, Sengupta D, et al., 2021. Global offshore wind turbine dataset[J]. Scientific Data, 8(1): 191-191.

Zhang X J, Zheng F, 2021. A daily dataset of global marine heatwaves from 1982 to 2020[DB/OL]. Science Data Bank.